원자핵에서
핵무기까지

괴짜 물리학자의 재미있는 핵물리학 강의

원자핵에서 핵무기까지

다다 쇼 지음 | **이지호** 옮김 | **정완상** 감수

한스미디어

감수의 글

이 책은 무기와 과학, 특히 물리와의 관계를 잘 설명해 주고 있습니다. 저 역시도 이런 계통의 책은 처음 접해보는 지라, 감수를 하는 내내 신선함을 느끼면서 즐거운 마음으로 임했습니다. 이 책을 감수하면서 저는 저자가 소립자 물리학이라는 순수물리 분야를 전공했음에도 불구하고 공학적인 지식이 대단하다는 느낌을 받았습니다. 이 책은 물리와 무기 사이의 관계를 설명하면서 동시에 여러 가지 에피소드를 곁들여 독자들이 읽기 쉽게 쓰여 있습니다.

원자폭탄의 원리를 설명하는 대부분의 책에서는 초보적인 내용 – 상대성이론에서 나오는 질량 에너지 등가 관계나 핵분열 – 에 대해서만 간략하게 이론적으로 묘사하고 있습니다. 하지만 이 책에서는 실제 원자폭탄을 만드는 과정에서 조심해야 할 점이나 역사적으로 실전에 두 번 사용된 원자폭탄의 구조와 이러한 원자폭탄을 만드는 방법에 대해서도 아주 자세하게 묘사하고 있습니다. 또한 원자핵 분열과 핵융합 부분도 적절한 비유를 통해 알기 쉽게 설명하고 있고, 원자로의 구조와 냉각제, 감속재 등에 대해서도 상세하고 친절하게 잘 설명하고 있습니다. 뿐만 아니라, 저자는 이러한 내용과 관련된 역사를 사이사이 곁들이면서 독자들이 이해하기 쉽게 구어체로 표현하려고 노력했습니다.

이런 면에서 볼 때 이 책은 무기를 통해 물리학에 대해 다시 들여다본 훌륭한 책이 아닌가 생각합니다. 또한 이 책을 읽으면 물리를 이용한 미래의 무기과학이나 미래의 에너지원에 대해서도 더 다양한 생각을 할 수 있게 되리라 봅니다. 저는 이 책이 물리와 무기 사이의 연관 관계를 친절하게 설명한 세계 최초의 책이 아닐까 생각합니다. 그래서 물리나 무기에 관심 있는 모든 분께 추천하고 싶습니다.

경상대학교 물리학과 교수

정완상

프롤로그

아직 어렸을 때 일이라 기억이 정확하지는 않지만, TV에서 방영하는 SF 애니메이션을 보는데 "저 녀석은 나쁜 놈이니까 물리학자가 틀림없어"라는 대사가 나왔다. 예전 작품을 재방송한 것이었으니까 아마도 1970년대 이전에 만들어진 작품이 아니었나 싶다. 냉전의 긴장이 고조되던 당시에 핵전쟁의 공포에 떨던 사람이 '핵무기를 개발한 건 물리학자잖아? 다 그놈들 때문이야! 그놈들만 없었다면!!' 하는 생각에 그런 대사를 썼는지도 모른다. 어린 시절의 나는 설마 자신이 커서 '나쁜 물리학자'가 되리라고는 꿈에도 생각하지 못한 채 그 애니메이션을 재미있게 시청했다.

군사 기술에는 방대한 예산과 최첨단 테크놀로지가 아낌없이 투입된다. 한편 군사 기술로 개발했다가 훗날 우리의 일상생활에 도움을 주는 기술이 된 것도 많다. 우리 같은 일반인은 군사 기술을 애초부터 자신들과 무관한 것으로 생각하여 멀리하거나 잘못 이해한 채로 머릿속에 넣어

둘 때가 많다. 최신 군사 기술 자체는 분명 복잡하고 전문적이지만 기본적인 원리 자체는 의외로 간단하며, 우리 주변에서 흔히 볼 수 있는 물리 현상을 이용한 경우도 적지 않다. 개중에는 물리학의 기초 지식을 바탕으로 생각하면 쉽게 이해할 수 있는 것도 많다. 그러나 시중의 군사 관련 서적 가운데 물리학의 관점에서 쓴 것은 많지 않고, 물리학자가 군사 기술을 해설한 예도 극히 드물다.

이 책은 평소에 자주 듣기는 했지만 오해받고 있거나, 혹은 제대로 이해되지 않은 채 세상에 알려진 군사 기술을 정치적이나 윤리적인 이야기는 일체 배제하고 순수하게 물리학의 관점에서만 해설한 것이다. 밀리터리의 세계에 이미 조예가 깊은 사람도 '물리학적인 관점에서 바라보면 이런 것이었구나!' 하고 새롭게 발견하는 계기가 될지도 모른다. 밀리터리에 흥미가 있었던 사람이 군사 기술의 원리가 된 물리학에 흥미를 느끼게 되고, 반대로 물리학에 흥미가 있었던 사람이 물리학의 최첨단 응용 사례인 군사 기술에 흥미를 느끼게 된다면, 이런 식으로 지금까지 흥미 있었던 분야를 초월해 새로운 흥미를 개척하는 데 가교 역할을 할 수 있다면 그것이야말로 '핵무기를 만들어내고 만 나쁜 물리학자'인 내가 할 수 있는 최소한의 속죄가 아닐까 싶다.

목차

제1장 원자핵

제2장 핵융합과 핵분열

제3장 연쇄 반응

제4장 핵연료

제5장 핵무기

※ 이 책은 2015년 3월 8일에 오다이바의 이벤트하우스인 도쿄컬처컬처에서 실시한 강연 내용을 바탕으로 가필·구성한 것입니다.

제1장

원자핵

무기와 물리학의 관계

안녕하십니까. 다다 쇼라고 합니다. 잘 부탁드립니다.

저는 고에너지가속기연구기구라는 물리학 연구소에서 일하고 있습니다. 기구 내에 있는 소립자원자핵연구소 소속으로 '가속기'라는 실험 장치를 이용해서 이 세계를 구성하는 궁극의 입자인 '소립자'라는 것에 대해 연구하고 있습니다. 가속기는 입자를 가속시켜서 고에너지 상태를 만들어내는 실험 장치입니다. 혹시 CERN(유럽입자물리연구소)이라는 곳에 대해 들어보신 분 계신가요? 가속기를 이용해 연구하는 유럽의 연구 시설인데, 말하자면 제가 일하는 곳은 일본의 CERN이라고 할 수 있습니다.

고에너지가속기연구기구의 본거지는 이바라키 현의 쓰쿠바에 있습니다만, 저는 같은 이바라키 현의 도카이 촌에 있는 J-PARCJapan Proton Accelerator Research Complex라는 실험 시설에서 '뉴트리노'라고 부르는 소립자의 성질을 조사하기 위한 실험을 하고 있습니다. 이 실험의 자세한 내용은 《놀라운 실험—고등학생도 이해할 수 있는 소립자 물리학의 최전선すごい実験 — 高校生にもわかる素粒子物理の最前線》이라는 책에 정리해 놓았으니 흥미가 있는 분은 꼭 읽어 보셨으면 합니다.(이건 책 홍보가 맞습니다.)

그런데 오늘 이야기할 내용은 소립자 물리학이 아니라 밀리터리에 관한 이야기입니다. '밀리터리'라고 하면 흔히 떠오르는 "어떤 무기가 어디에 배치되어 있다"라든가 "어떤 전쟁에서 어떤 전투가 벌어졌고 어떤 전술이 사용되었으며 어떤 무기가 어떤 활약을 했다" 같은 이야기는 아닙니다. 오늘은 무기에 사용된 순수한 기술만을 오로지 물리학의 관점에서 이야기하려고 합니다.

물리학과 밀리터리를 상당히 거리가 먼 분야라고 생각하는 분도 계실지 모르겠습니다. 하지만 물리학은 이 세상의 자연 현상을 설명하는 학문인 까닭에 당연히 밀리터리 분야에도 최대한 활용되고 있습니다. 게다가 인류의 역사를 돌아보면 항상 그 시대의 최첨단 과학 기술을 결집해서 무기를 개발해 왔기 때문에 그 당시의 최신 물리학이 활용될 때가 많습니다.

오늘의 주제는 밀리터리 중에서도 '핵무기'입니다. 핵무기는 어떤 원리로 폭발을 일으키는지, 그 메커니즘에 관해 오로지 물리학의 측면에서 살펴보려 합니다. 핵무기의 배치나 그것을 운용하는 전략, 정치 같은 이야기는 하지 않을 겁니다. 솔직히 말씀드리면 그 이야기도 하고 싶기는 합니다만…. 제가 좋아하는 러시아군 이야기도 가급적 하지 않으려 합니다.

이 강연은 시리즈화가 예정되어 있어서, 지금 하는 제1회 강연의 평가가 형편없지만 않다면 제2회, 제3회로 이어지게 됩니다. 그래서 임팩트가 큰 '핵무기'를 제1회 강연의 주제로 선정했습니다. 첫 회가 이후의 운명을 쥐고 있으니 강렬한 인상을 줘야 하지 않겠습니까? 그리고 제 전문인 소립자 물리학과 비교적 가까운 분야라는 것도 이 주제를 제일 먼저 꺼내든 또 다른 이유입니다.

방금 전에 무기 개발에는 그 시대의 최첨단 과학 기술이 사용된다고 말씀드렸는데, 이 핵무기야말로 20세기 초엽에 비정상적으로 발달했던 물리학의 성과가 총동원된 대표적인 결정체라고 할 수 있습니다.

도카이 촌에서 온 사나이

앞에서 말씀드렸듯이 제가 근무하는 J-PARC라는 실험 시설은 원자력 마을로 유명한 도카이 촌에 있습니다. 지도를 잠깐 볼까요. 지금 여러분이 계신 곳은 도쿄의 오다이바입니다. 도카이 촌은 쓰쿠바 시에서 북동쪽으로 70킬로미터 떨어진 곳에 있습니다. 그리고 남쪽에 오아라이 정이 있지요. 오아라이 정은 제가 점심시간에 종종 다녀올 만큼 도카이 촌과 가깝습니다. 오늘 강연을 들으러 오신 분들 중에 '오아라이'라는 지명에 반응하는 분이 많지 않을까 싶어서 이야기를 꺼내 봤습니다(오아라이 정은 애니메이션 〈걸즈 앤 판처〉의 무대가 된 곳이다-옮긴이).

그림1 일본원자력연구개발기구와 J-PARC

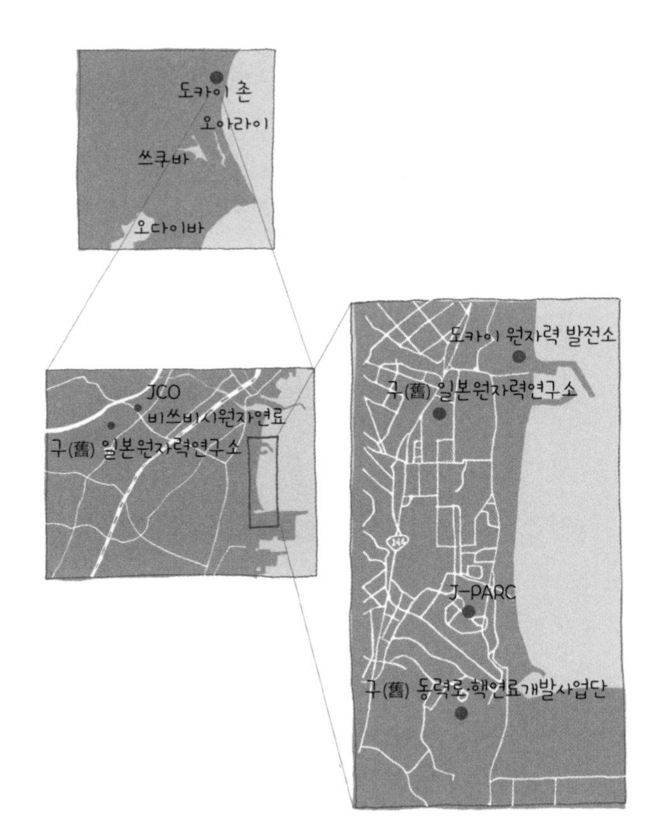

도카이 촌 지도를 확대하면 발전소와 연구소 등 원자력 관련 시설이 많이 보입니다. 1999년에 임계 사고가 일어난 JCO도 이곳에 있지요(1999년 9월 30일에 핵연료 재처리 회사인 주식회사 JCO의 핵연료 변환 시험 시설에서 질산이산화우라늄을 침전조에 붓다가 임계 질량 초과로 핵 연쇄 반응이 일어나 방사선이 누출된 사건. 작업원 2명이 사망하고 667명이 피폭당했다-옮긴이). 북쪽에 '도카이 원자력 발전소'라고 적혀 있는 것이 보이시나요? 이곳이 바로 일본 최초의 원자력 발전소입니다. 그리고 여기 있는 일본원자력연구개발기구(구舊 일본원자력연구소)는 일본에서 최초로 원자로를 만든 연구소이지요. 다른 발전소, 예를 들어 화력 발전소나 풍력 발전소의 경우에는 다른 나라에서 제조한 심장부 장치를 수입해서 설치하면 그만이라 기술 도입이 비교적 용이합니다. 하지만 원자력 발전소는 그럴 수가 없습니다. 일단 원자로 본체가 매우 복잡하고 수준 높은 기술의 집합체이기도 하고, 본체뿐만 아니라 사용할 연료를 준비하거나 사용을 마친 연료를 폐기할 때도 고도의 기술과 정치적으로 어려운 기술을 사용해야 합니다. 그래서 다른 나라에 기술 협력을 요청할 수는 있지만 기본적으로 자국에서 책임을 지고 처음부터 기술을 만들어내야 하지요. 따라서 그런 기술들을 자국에서 연구해야 하는데,

그 연구를 위한 시설이 일본원자력연구개발기구입니다.

J-PARC는 이 원자력연구개발기구 내의 부지에 있습니다. J-PARC에서 연구를 하려면 원자력연구개발기구의 부지를 드나들어야 하기 때문에 저는 원자력연구개발기구의 신분증도 갖고 있습니다. 원자력연구개발기구라는 곳은 핵시설인 까닭에 대학이나 다른 연구소처럼 마음대로 들어갈 수가 없습니다. 일본인이라 해도 연구소에 소속된 사람이 신분을 보증해 줘야 하고, 외국인은 서류 심사는 물론 기본적으로 NPT Treaty on the Non-Proliferation of Nuclear Weapons(핵확산 금지 조약)에 가입한 나라의 사람이 아니면 출입이 불가능합니다.

원자력 시설의 용접 기술을 이용해서 만든 전차

도카이 촌 주변에도 원자력 관련 시설이 모여 있습니다. 아까 잠깐 오아라이를 언급했는데, 여러분은 오아라이라는 말을 들으면 무엇이 떠오르시나요? 저에게는 오아라이 하면 다음 페이지의 사진처럼 전차가 돌아다니는 평화로운 마을이라는 이미지가 있습니다. 사진은 카로 벨로체라는 이탈리아 전차의 실물 크기 목업Mockup인데, 뒤쪽에 트럭이 찍혀 있는 것이 보이죠? 잘 보면 '닛쇼 플랜트NISSHO PLANT'라고 적혀 있습니다. 이 닛쇼 플랜트라는 회사의 데루누마 오사무照沼修 전무가 이 전차 목업을 만들었지요.

닛쇼 플랜트는 배관 용접 등을 주로 하는 회사입니다만,

흔히 볼 수 있는 평범한 배관 회사는 아닙니다. 일반 가정의 수도 공사 같은 일은 맡지 않습니다. 그렇다면 무엇을 하는 회사일까요? 바로 원자력 시설의 배관 공사를 하는 회사입니다. 원자력 시설의 배관은 어지간해서는 새지 않아야 합니다. 샜다가는 큰일이 나니까요. 그래서 매우 고도의 용접 기술을 보유한 회사만 이 공사를 맡을 수 있지요. 그러니까 그 높은 기술력을 이용해서 이 카로 벨로체를 만든 겁니다. 부품은 조이풀 혼다(이바라키 현의 창고식 DIY 마트)에서 사 왔다고 합니다만….

여담이지만, 저희 J-PARC를 건설할 때도 닛쇼 플랜트

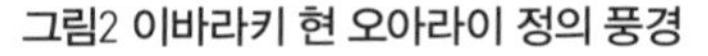
그림2 이바라키 현 오아라이 정의 풍경

의 도움을 받았습니다. 저희의 실험 시설에도 고도로 방사화하는 장치가 많고 그래서 수리할 수 없는 장치도 있는 까닭에 원자력 시설 수준의 높은 기술력이 필요하기 때문입니다. 평범하고 평화로운 마을처럼 보이는 오아라이에도 원자력 관련 회사가 많다는 사실을 이해하셨으리라 생각합니다.

원자와 원자핵의 크기

그러면 이제 슬슬 원자력 이야기로 넘어가겠습니다. 먼저 가장 기본적인 내용인 원자의 구조 이야기부터 시작하지요.

아마도 중학교 화학 수업 시간에 배우셨을 테니 여기까지는 알고 계실지 모르겠습니다만, 화학의 세계에서는 원자를 더 이상 쪼갤 수 없는 물질의 최소 단위로 취급합니다. 하지만 사실 원자에는 속이 있지요. 오늘 이야기에서는 이 원자의 속이 중요한 위치를 차지합니다.

원자에 속이 있다는 사실은 20세기 초엽에 밝혀졌습니다. 원자의 크기는 매우 작아서, 100억분의 1미터밖에 안

그림3 원자의 구조

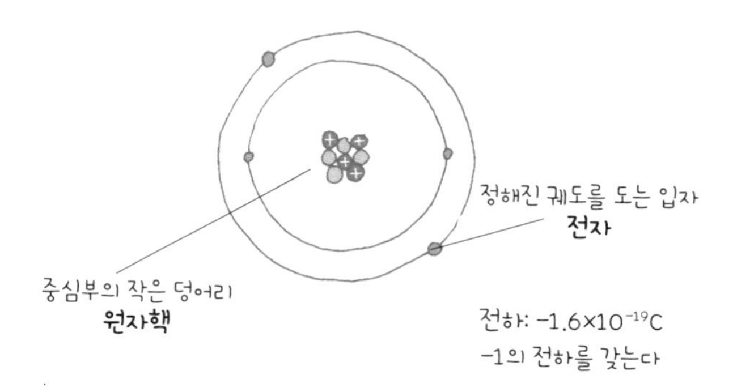

됩니다. 그림3은 그런 원자의 내부를 그림으로 나타낸 것인데, 속이 무엇인가로 꽉 차 있는 것이 아니라 대부분 비어 있습니다. 마치 태양계와 같이 태양에 해당하는 작은 덩어리(원자핵)가 중심에 있고 그 주위를 행성에 해당하는 전자가 돌고 있지요.

원자핵을 '작은 덩어리'라고 말했는데, 정말로 매우 작습니다. 얼마나 작은가 하면 크기가 원자 전체의 10만분의 1밖에 안 됩니다. 이 그림은 여러분이 이해하기 쉽게 각각의 요소를 큼지막하게 그린 것이고, 원자핵의 실제 크기는 가령 이 강연장 전체가 원자라고 했을 때 샤프심의 지름보다

그림4 컵을 잡는다는 것은?

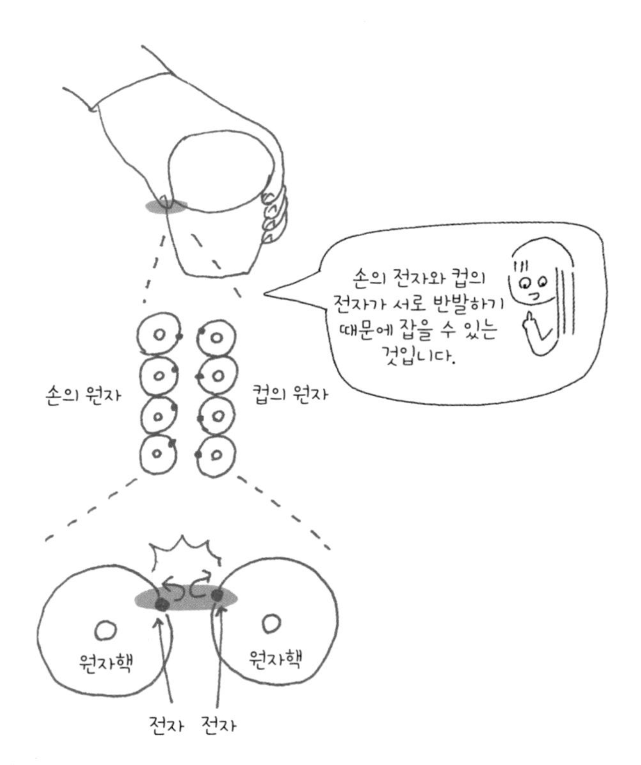

작습니다. 의외로 원자는 거의 빈 공간으로 구성되어 있는 것이지요.

속이 이렇게까지 비어 있다면 원자와 원자가 닿았을 때, 그러니까 이를테면 컵을 손으로 잡아서 손 표면의 원자와 컵 표면의 원자가 맞닿았을 때 서로 간섭하지 않고 통과해 버려도 이상하지 않을 것 같지 않습니까? 하지만 현실에서 그런 일은 일어나지 않습니다. 손과 컵은 확실하게 접촉하고, 덕분에 우리는 컵을 잡을 수 있지요. 그 이유는 바로 원자의 구조에 있습니다. 태양 주위를 도는 행성처럼 원자의 바깥둘레를 전자가 도는 까닭에 원자의 표면을 전자가 뒤덮은 상태가 되기 때문이지요. 전자는 전부 똑같은 마이너스 전기를 띠고 있으므로 손 표면의 원자를 뒤덮은 전자와 컵 표면의 원자를 뒤덮은 전자가 서로 반발함으로써 손이 컵을 통과하지 않고 잡을 수 있는 것입니다. 전자 덕분에 속이 텅텅 비어 있는 원자와 원자가 확실히 반응할 수 있는 것이지요.

모든 물질은 양성자와 중성자의 조합 차이로 구성되어 있다

그렇다면 원자핵의 속은 어떻게 되어 있을까요? 이미 그림3에서 두 종류의 알갱이가 뭉쳐 있는 것처럼 그렸듯이, 원자핵은 그림5와 같이 각각 양성자와 중성자라고 부르는 두 종류의 입자로 구성되어 있습니다(⊕가 양성자, ●가 중성자라는 입자입니다. 앞으로 나올 그림에서도 전부 ⊕는 양성자, ●는 중성자를 나타냅니다).

양성자와 중성자는 지름이나 무게가 거의 똑같은데, 다른 점은 양성자가 플러스 전기를 갖고 있는 데 비해 중성자는 전기를 갖고 있지 않습니다. 이 차이에서 '양성陽性'자, '중성中性'자라는 이름이 붙었습니다.

그림5 원자핵의 속

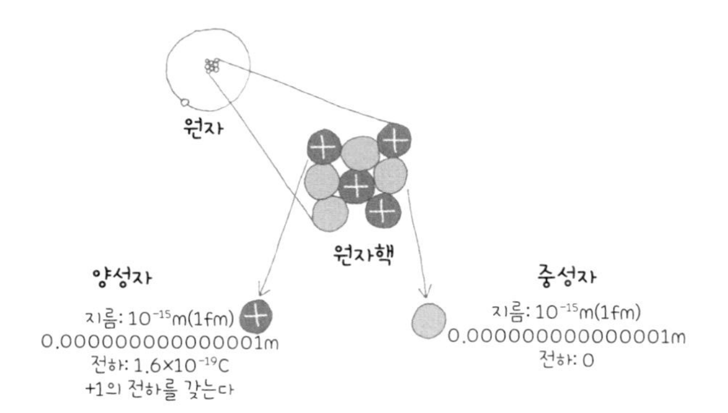

20세기 초에는 이 세상의 온갖 원자(핵), 그러니까 온갖 물질이 전부 양성자와 중성자로 구성되었음이 알려졌습니다. 가령 컴퓨터는 플라스틱으로 만들어졌습니다. 이 컵은 유리로 만들어졌고, 컵 안에는 물이 들어 있습니다. 그리고 컵이 놓여 있는 이 테이블은 나무로 만들어졌지요. 지금 제가 들고 있는 마이크의 머리 부분은 철로 만들어졌습니다. 이처럼 우리 주변에 있는 물건을 보면 각기 다른 여러 가지 물질로 구성되어 있는 것처럼 보이지만, 근원을 따지고 들어가면 각 물질의 차이는 그저 그 속에 있는 양성자와 중성자의 조합 차이에 불과하다는 말이지요.

예를 들어 양성자 한 개만으로 구성되어 있는 경우에는

그림6 수소, 헬륨, 리튬의 원자핵

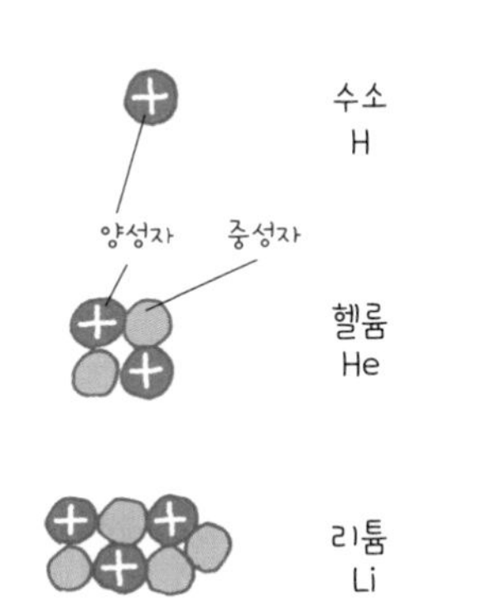

수소가 됩니다. 불타는 기체입니다. 양성자 두 개에 중성자가 두 개일 경우는 헬륨이 됩니다. 저희처럼 연구를 생업으로 삼는 사람에게 헬륨은 매우 중요한 물질입니다만, 여러분은 웃긴 목소리를 내려고 들이마시거나 풍선에 집어넣을 때 이외에는 사용한 적이 없을 것입니다. 그리고 양성자 세 개와 중성자 네 개면 리튬이 됩니다. 리튬은 여러분에게도 친숙하지 않을까 싶네요. 바로 스마트폰용 전지의 재료로 사용되는 반응성이 높은 금속입니다.

이처럼 양성자 수의 차이만으로 원자의 성질은 완전히 달라집니다. 지금은 양성자의 수가 한 개인 원자부터 세 개인 원자까지만 소개해 드렸습니다만, 세상에는 100가지가 넘는 원자(원소)가 존재합니다. 이런 원자들은 여러분이 실생활에서 체험하는 것처럼 저마다 완전히 다른 성질을 지니고 있지만, 근원을 파고들면 전부 양성자와 중성자라는

표1 주기율표

1 H 수소																	2 He 헬륨
3 Li 리튬	4 Be 베릴륨											5 B 붕소	6 C 탄소	7 N 질소	8 O 산소	9 F 플루오린(불소)	10 Ne 네온
11 Na 소듐(나트륨)	12 Mg 마그네슘											13 Al 알루미늄	14 Si 규소	15 P 인	16 S 황	17 Cl 염소	18 Ar 아르곤
19 K 포타슘(칼륨)	20 Ca 칼슘	21 Sc 스칸듐	22 Ti 타이타늄(티탄)	23 V 바나듐	24 Cr 크로뮴(크롬)	25 Mn 망가니즈(망간)	26 Fe 철	27 Co 코발트	28 Ni 니켈	29 Cu 구리	30 Zn 아연	31 Ga 갈륨	32 Ge 저마늄(게르마늄)	33 As 비소	34 Se 셀레늄(셀렌)	35 Br 브로민(브롬)	36 Kr 크립톤
37 Rb 루비듐	38 Sr 스트론튬	39 Y 이트륨	40 Zr 지르코늄	41 Nb 나이오븀(니오브)	42 Mo 몰리브데넘(몰리브덴)	43 Tc 테크네튬	44 Ru 루테늄	45 Ru 로듐	46 Pd 팔라듐	47 Ag 은	48 Cd 카드뮴	49 In 인듐	50 Sn 주석	51 Sb 안티모니(안티몬)	52 Te 텔루륨(텔루르)	53 I 아이오딘(요오드)	54 Xe 제논(크세논)
55 Cs 세슘	56 Ba 바륨	57 La 란타넘(란탄)	72 Hf 하프늄	73 Ta 탄탈럼(탄탈)	74 W 텅스텐	75 Re 레늄	76 Os 오스뮴	77 Ir 이리듐	78 Pt 백금	79 Au 금	80 Hg 수은	81 Tl 탈륨	82 Pb 납	83 Bi 비스무트	84 Po 폴로늄	85 At 아스타틴	86 Rn 라돈
87 Fr 프랑슘	88 Ra 라듐	89 Ac 악티늄															

58 Ce 세륨	59 Pr 프라세오디뮴	60 Nd 네오디뮴	61 Pm 프로메튬	62 Sm 사마륨(사마리움)	63 Eu 유로퓸	64 Gd 가돌리늄	65 Tb 터븀(테르븀)	66 Dy 디스프로슘	67 Ho 홀뮴	68 Er 어븀(에르븀)	69 Tm 툴륨	70 Yb 이터븀(이테르븀)	71 Lu 루테튬
90 Th 토륨	91 Pa 프로트악티늄	92 U 우라늄	93 Np 넵투늄	94 Pu 플루토늄	95 Am 아메리슘	96 Cm 퀴륨	97 Bk 버클륨	98 Cf 캘리포늄(칼리포르늄)	99 Es 아인슈타이늄	100 Fm 페르뮴	101 Md 멘델레븀	102 No 노벨륨	103 Lr 로렌슘
104 Rf 러더포듐	105 Dd 더브늄	106 Sg 시보귬	107 Bh 보륨	108 Hs 하슘	109 Mt 마이트너륨	110 Ds 다름슈타튬	111 Rg 뢴트게늄	112 Uub 코페르니슘	113 Uut (미발견)	114 Uuq 플레로븀	115 Uup (미발견)	116 Uuh 리버모륨	117 Uu (미발견)

두 종류의 입자가 조합되어서 만들어졌으며 그 성질의 차이도 단순히 양성자 수의 차이일 뿐인 것이지요.

양성자 수의 순서대로 원자(원소)를 나열한 일람표를 주기율표라고 합니다. 여러분도 보신 적이 있으리라 생각합니다.

연금술,
화려하게 부활하다!

먼 옛날, 세상에는 연금술이라는 것이 있었습니다. 이를테면 "수은을 금으로 바꿔 드리겠습니다! 다만 그러려면 설비가 필요하니 투자해 주십시오!"라면서 권력자들에게 돈을 뜯어내는 사기꾼들이 있었던 겁니다. 하지만 '이 세상의 물질은 전부 원자의 조합을 통해서 만들어지며, 원자 자체는 변화하지 않는다'라고 주장하는 원자론이 등장하자 연금술이 사기라는 것이 명확해졌습니다. 원자론에 따르면 수은의 원자와 금의 원자는 별개의 것이므로 수은에서 금을 만들어내기는 불가능하기 때문입니다. 화학의 세계에서는 지금도 이것이 올바른 생각입니다.

그런데 원자를 쪼개서 그 안에 있는 원자핵까지 들여다 보게 되자 양성자와 중성자를 조합하기에 따라서는 어떤 원자라도 만들어낼 수 있음을 알게 되었습니다. 요컨대 연금술은 화학적으로는 불가능하지만 물리학적으로는 가능한 것입니다. 원리적으로는 수은의 원자핵 양성자와 중성자 수를 바꾸면 금을 만들어낼 수 있지요. 다만 원자핵의 구성을 바꾸려면 막대한 비용과 노력을 들여야 하기 때문에 다른 원자에서 금을 만들어낼 바에는 그냥 돈을 주고 금을 사는 편이 훨씬 이익입니다.

동위 원소란 무엇인가?

방금 양성자의 수가 원소의 차이를 결정한다고 말씀드렸는데, 그렇다면 중성자의 수는 무엇과 관련이 있을까요? 예를 들어 헬륨은 양성자 두 개와 중성자 두 개로 구성되어 있는데, 양성자 두 개와 중성자 한 개로 구성된 원자핵도 역시 헬륨이며 화학적인 성질도 똑같습니다. 다만 물리적인 성질이 다르지요. 이렇게 같은 원소(양성자의 수가 같다)인데 중성자의 수가 다른 것을 동위 원소(아이소토프)라고 부릅니다.

원자(원소)를 나타낼 때는 일반적으로 원소 기호를 사용합니다. 그러면 오늘의 주역 중 하나인 우라늄의 원소 기호

그림7 질량수와 원자 번호

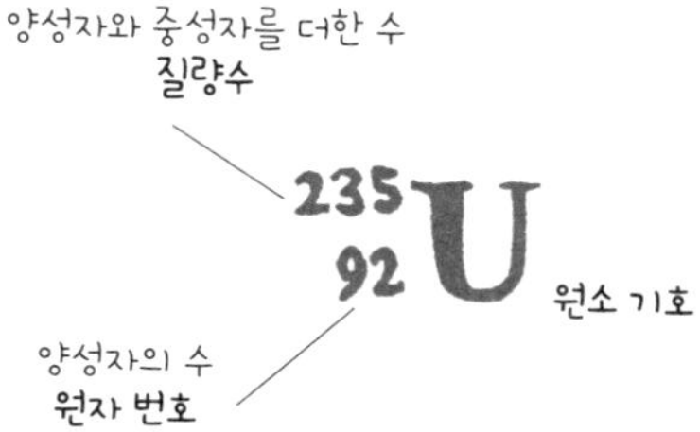

양성자와 중성자를 더한 수
질량수

235
92 U
원소 기호

양성자의 수
원자 번호

를 살펴봅시다. 우라늄의 원소 기호는 U입니다. 그리고 그 왼쪽 위와 왼쪽 아래에 숫자가 적혀 있는데(그림7), 왼쪽 아래의 숫자는 원자 번호라고 하며 양성자의 수를 나타냅니다. 요컨대 원소 기호와 원자 번호는 1 대 1로 대응하지요. 그래서 굳이 원자 번호를 적을 필요가 없기 때문에 생략할 때가 많습니다. 한편 왼쪽 위의 숫자는 질량수라고 해서 양성자와 중성자를 더한 값입니다. 원자 속에 있는 입자의 질량을 생각할 때, 전자는 양성자의 2,000분의 1밖에 안 돼서 무시해도 무방하기 때문에 양성자와 중성자를 더한 수로 원자 전체의 질량이 양성자 질량의 몇 배인지를 나타내는 것입니다. 그래서 질량수라는 이름이 붙었습니다.

그림8에는 우라늄의 원소 기호가 두 개 있습니다. 같은 우라늄이지만 질량수가 다르지요? 그러니까 중성자의 수

그림8 동위 원소(아이소토프)

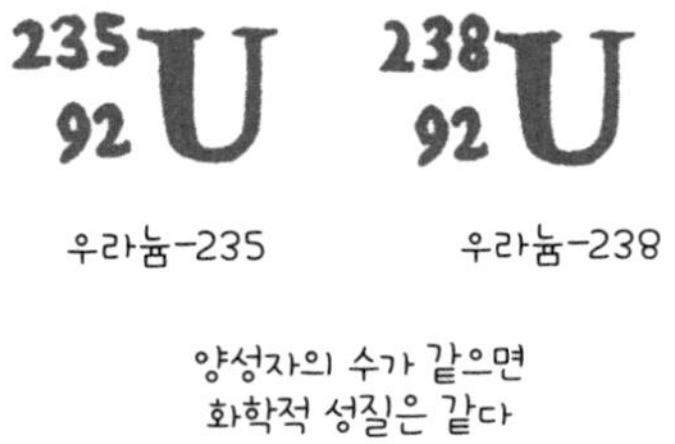

$^{235}_{92}U$ $^{238}_{92}U$

우라늄-235 우라늄-238

양성자의 수가 같으면
화학적 성질은 같다

가 다른 우라늄 동위 원소입니다. 각각 '우라늄-235', '우라늄-238'이라고 읽습니다.

미국에서는 우라늄을 15파운드까지 소유할 수 있다

원자핵은 중성자와 양성자의 조합으로 구성되어 있는데, 각각 어떤 수라도 상관없는 것은 아닙니다. 아무 수나 적당히 조합해도 안정적인 원자핵이 되는 것은 아니라는 말이지요. 그런 원자는 불안정해져서 금방 파괴됩니다. 어떤 양성자 수에 대해 안정적으로 존재할 수 있는 중성자의 수가 정해져 있는 것입니다. 그 이유는 뒤에서도 이야기하겠지만, 양성자와 중성자를 결합시키는 힘과 양성자의 전자기력이 균형을 이루어야 하기 때문이지요.

그림9의 그래프를 보시기 바랍니다. 세로축이 양성자의 수, 가로축이 중성자의 수입니다. 그리고 네모난 점이 찍혀

그림9 안정적으로 존재할 수 있는 핵종

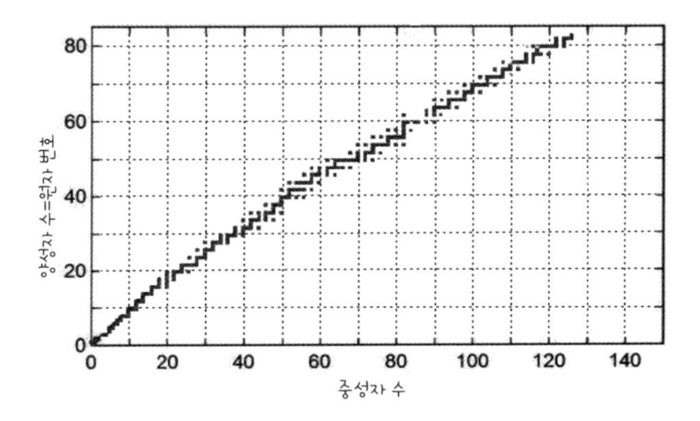

있는 부분이 안정적으로 존재할 수 있는 원자핵이지요. 이것 이외에는 생기더라도 금방 파괴되어 버립니다.

그러면 다시 그림8의 두 원소에 관한 이야기로 돌아가겠습니다. 먼저 오늘의 주역 중 하나인 우라늄에 관한 설명부터 시작하지요. 우라늄은 오늘의 주제인 핵분열을 일으키는 아주 위험한 금속입니다. 천연 자원 중에는 우라늄-238(천연 존재 비율 99.3퍼센트)과 우라늄-235(천연 존재 비율 0.7퍼센트)가 있는데, 핵분열 물질로 이용되는 것은 일반적으로 그 양이 압도적으로 적은 우라늄-235입니다. 참고로 우라늄의 매장량이 가장 많은 나라는 오스트레일리아이고 그 다음이 카자흐스탄과 캐나다인데, 생산량으로는 카자흐스탄, 캐나다, 오스트레일리아의 순서입니다.

그리고 여담입니다만, 미국에서는 농축되지 않은 천연 우라늄의 경우에는 개인이 합법적으로 소지할 수 있습니다. 다만 한 명이 소지할 수 있는 양에는 제한이 있어서, 15파운드(7킬로그램)까지만 가질 수 있지요. 사실 평범한 금속을 개인이 소지할 수 있는 것은 당연한 일이고 철을 몇 킬로그램 이상 가질 수 없다고 규제하지 않듯이 제한을 두는 쪽이 더 이상하지만, 우라늄은 핵분열 물질인 까닭에 정부가 관리하고 있는 것입니다.

미국에서는 폴로늄을 판매한다?

그리고 오늘의 강연에서 중요한 역할을 할 원소를 한 가지 더 소개하겠습니다. 바로 폴로늄입니다. 주역은 아닐지 모르지만 훌륭한 조연입니다.

폴로늄이라는 이름을 들어 본 적 있는 분도 계실지 모르겠습니다. 2006년에 전前 국가보안위원회KGB/연방보안국FSB 직원인 알렉산드르 리트비넨코Alexander Litvinenko(1962~2006) 씨의 암살에 사용된 것으로도 유명하지요. 그는 폴로늄을 섭취한 뒤 내부 피폭으로 사망했습니다. 폴로늄의 동위 원소는 전부 방사성 원소(방사선을 방출하는)인데, 암살에 사용된 것은 폴로늄-210이라고 짐작되고 있습니다.

그림10 폴로늄으로 암살

2006년에 독살된 알렉산드르 리트비넨코

일반적으로 폴로늄-210은 원자로 등에서 인공적으로 만들어지지만, 자연계에도 어느 정도는 존재합니다. 여러분이 섭취할 가능성이 있다면 아마도 담배에서일 것입니다. 비료 속에 들어 있는 방사성 물질이 붕괴되면서 발생한 폴로늄-210이 담뱃잎에 붙어 있지요. 그리고 담배는 잎을 태워서 흡입하는 방식이기 때문에 흡연을 통해서 섭취하게 됩니다. 방사선의학종합연구소의 평가(〈흡연자의 실효 선량 평가 ―담배에 포함되어 있는 자연 기원 방사성 핵종―〉 이와오카 가즈키岩岡和輝, RADIOISOTOPES, 59, 733-739(2010))에 따르면, 하루에 담배 20개비를 피우는 사람의 1년 간 피폭량은 190마이크

그림11 태국의 담배 패키지

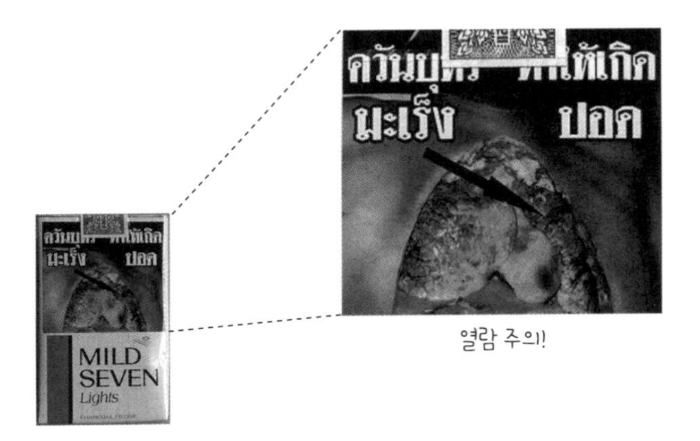

로시버트라고 합니다. 이 정도는 개입 면제라고 해서 피폭에 따른 건강 리스크가 무시 가능한 수준(연간 1밀리시버트) 이하입니다만, 그래도 지나친 흡연은 주의하시기 바랍니다.

지나친 흡연이라고 하니 생각이 났는데, 그림11은 태국에서 판매되는 마일드세븐의 패키지입니다. 참으로 기괴한 사진이 인쇄되어 있지요. 폐암에 걸린 폐의 사진인데, 태국에서는 흡연 경고 표시가 담배 패키지의 85퍼센트 이상을 차지해야 한다는 법이 있습니다. 패키지에는 마일드세븐 라이트라고 적혀 있지만 마일드하지도 라이트하지도 않군요.

폴로늄에 관한 잡담도 잠깐 하자면, 미국에서는 폴로늄

그림12 정전기 제거용 브러시

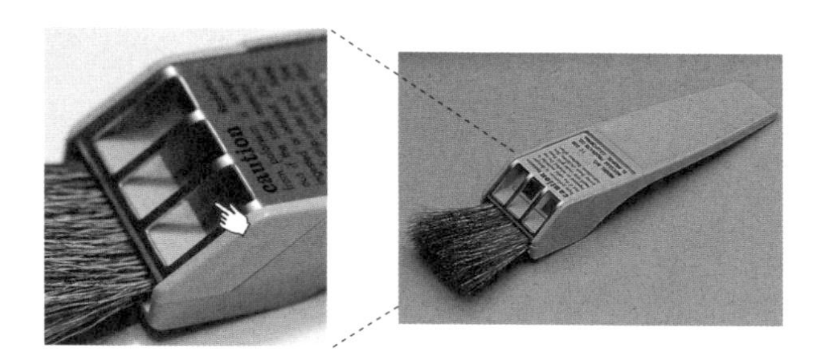

이 의외의 형태로 일반에 판매되고 있습니다. 바로 정전기 제거 브러시입니다. 아날로그 레코드판의 표면에 붙은 먼지를 털어낼 때 사용하는 브러시인데, 놀랍게도 여기에 폴로늄이 사용되었습니다.

정전기 제거용 브러시를 만드는 방법

브러시 솔의 뿌리 부분에 금색 판이 있는데(☜ 그림12 첫 번째 사진), 바로 이 안에 폴로늄-210이 들어 있습니다. 폴로늄-210은 알파선이라는 방사선을 방출하는데(이것은 뒤에서 매우 중요한 역할을 합니다), 이 알파선을 통해 이온화된 공기 분자로 정전기를 제거하지요. 이것을 누구나 쉽게 살 수 있는 브러시로 만들어서 파는 대담함이야말로 미국답다는 생각이 듭니다. 인터넷을 이용하면 일본에서도 주문할 수 있을 겁니다.

오늘은 방사선에 관한 자세한 이야기는 가급적 피할 생각입니다만, 알파선이라는 방사선은 비거리가 짧아서 수중

(인체와 비슷한 수준)에서는 수십 마이크로미터밖에 날아가지 못합니다. 제가 이 브러시의 금속판을 직접 만지더라도 알파선은 피부 단계에서 완전히 저지되어 버리지요. 다만 수십 마이크로미터에서 멈춘다는 말은 수십 마이크로미터의 영역에 모든 에너지를 준다는 의미이기도 하기 때문에 주위 세포에 막대한 피해를 입힙니다. 따라서 몸속에 들어가기라도 하면 큰일이 나지요. 리트비넨코 씨도 그렇게 해서 피해를 입었던 것입니다.

그러므로 이런 형태로 사용할 경우에는 분말 등의 형태로 몸속에 들어가는 사태가 절대 일어나지 않도록 방지 조치가 필요합니다. 제조 과정에서 노출되지 않도록 할 수 있다면 제조 설비가 간단해지지요. 그래서 고안된 방법이 앞에서 이야기한 현대의 연금술입니다.

먼저 은판을 준비합니다. 그리고 여기에 비스무트라는 금속을 도금하고, 그 위에 다시 금을 도금합니다. 이 상태에서는 비스무트가 표면에 노출되

그림13 폴로늄을 만드는 방법

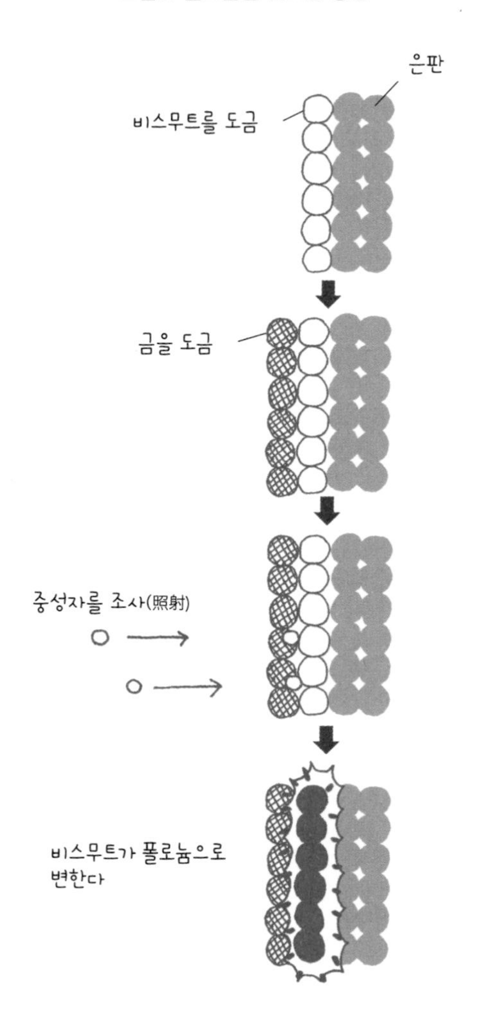

지 않는데, 여기에 원자로를 이용해서 중성자를 조사照射, irradiation합니다. 중성자를 조사하면 비스무트의 원자핵은 중성자를 흡수해 폴로늄으로 바뀌지요. 이 방법을 사용하면 제조 공정에서 폴로늄이 직접 표면에 노출되지 않기 때문에 (원자로를 제외하고) 특별한 설비가 없어도 안전하게 제조할 수 있습니다. 이것이 바로 실용적인 연금술의 일례입니다.

여담이지만 리트비넨코 씨가 암살당했을 때 일본에서는 "폴로늄을 준비할 수 있는 나라는 러시아밖에 없으니 러시아인이 범인이다"라는 말이 돌았는데, 이 말을 믿은 사람들은 미국에서는 폴로늄을 사용한 정전기 제거용 브러시가 시판되고 있다는 사실에 대해 어떻게 생각하는지 궁금합니다.

사랑의 힘은 너무 가까울 때보다 조금 떨어져 있을 때 더 강해진다?

그러면 잡담은 이쯤 하고 다시 원자핵의 속 이야기로 돌아갑시다.

원자핵은 양성자와 중성자가 붙어서 덩어리를 이룬 것인데, 원래 양성자는 플러스(+) 전기만을 갖고 있고 중성자는 전기를 갖고 있지 않기 때문에 전자기의 측면에서만 생각하면 이 둘이 붙어 있는 것은 신기한 일입니다. 플러스 전기를 가진 것만 모아 놓으면 서로 반발하기 때문이지요.

사실 원자핵 속에서는 양성자와 중성자를 붙이기 위한 어떤 힘이 작용하고 있습니다. 원자핵을 발견하기 전까지 인류는 중력과 전자기력이라는 두 가지 힘밖에 몰랐습니다. 하지만 원자핵의 구조를 알게 되면서 필연적으로 또 한 가지 힘이 필요하다는 사실도 알게 되었지요. 이 힘을 '강력'이라고 부릅니다. 'Strong interaction'을 번역한 것입니다만, 솔직히 조금 손을 봤으면 싶은 작명입니다. 여기에서 '강'은 '전자기력보다 강하다'는 의미인데, 정말로 전자기력보다 100배 정도 강해서 양성자와 중성자를 단단하게 결합시킵니다.

전자기력은 전기를 띤 양성자에만 작용하지만 강력은 양성자와 중성자 모두에 작용합니다. 그림14에서 가는 화살표가 전자기력, 굵은 화살표가 강력을 나타냅니다. 강력은 강하지만, 도달 거리가 짧습니다. 도달 거리란 힘이 미치는 범위입니다. 예를 들어 중력은 힘이 미치는 거리가 무한에 가깝습니다. 달은 아주 먼 거리에 있지만 조석 간만 등으로 지구에 영향을 끼치지요. 전자기력도 중력과 마찬가지로 무한에 가까운 거리까지 힘이 미칠 수 있습니다. 하지만 강력은 그렇지가 않습니다. 강력은 대체로 이웃한 양성자나 중성자의 주변까지만 작용합니다. 그보다 조금만 떨어져도 힘이 순식간에 사라지지요.

또한 힘의 작용 방식도 다릅니다. 중력이나 전자기력은 거리가 가까울수록 강하게 작용합니다. 그런데 강력은 반

그림14 원자핵을 결합시키는 강력

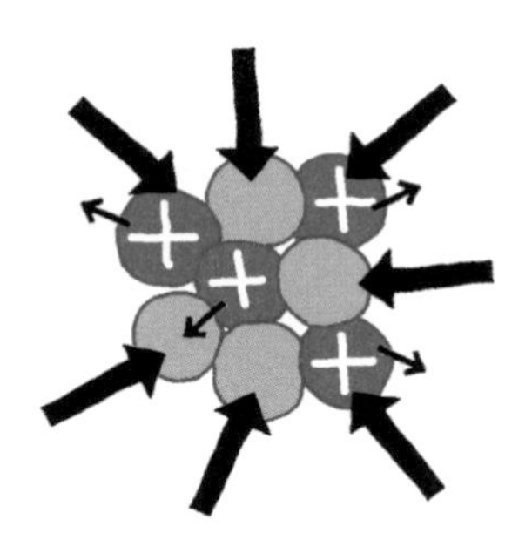

반발하는 전자기력 ≪ 묶어 두는 강력

양성자에만 작용한다 양성자와 중성자에 모두 작용한다

대입니다. 거리가 멀어질수록 더 강해집니다. 용수철과 비슷하다고나 할까요? 용수철도 길게 늘일수록 원래의 상태로 돌아가려는 힘이 강해지지요. 그리고 용수철을 너무 많이 잡아당기면 탄성력이 더 이상 작용하지 않듯이 강력의 경우도 거리가 너무 멀어지면 더 이상 강력이 작용하지 않게 됩니다.

갑자기 제 이야기를 해서 죄송합니다만, 어제 공립 여자 중고등학교에서 강연을 하고 있는데 그때 이 강력에 관해 질문한 학생이 있었습니다. 그래서 용수철을 예로 들어 설명했습니다. 그런데 저도 모르게 "이것은 마치 남녀 사이 같

중성자 양　　　양성자 양

조금 떨어져 있으면
사랑의 힘은 강해진다.

너무 가까이 있으면
사랑의 힘은 약해진다.

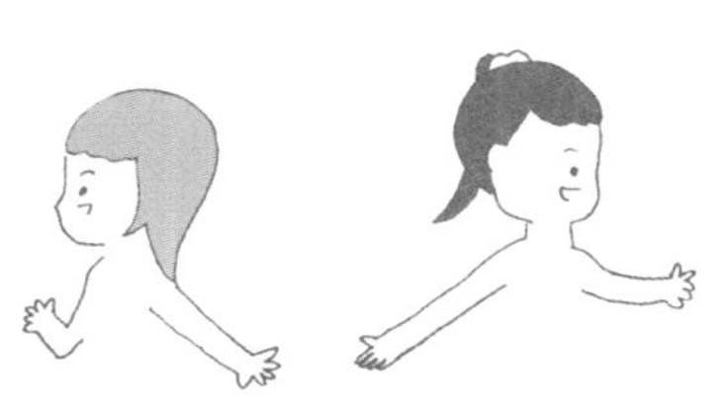

너무 떨어지면 사랑의 힘은
작용하지 않는다.

지요"라는 말을 해 버렸습니다. 두 사람의 사랑의 힘은 너무 가깝게 있을 때보다 조금 떨어져 있을 때 더 강해지지만 그렇다고 너무 멀리 떨어지면 소원해지는데, 이것과 비슷하다는 이야기였지요(원자핵의 경우는 양성자와 중성자, 그러니까 여자와 여자의 관계이긴 합니다만…).

물방울과 원자핵

이처럼 강력은 도달 거리가 짧아서 이웃한 입자 정도에만 작용합니다. 거대한 원자핵의 경우, 원자핵의 반대편에 있는 양성자나 중성자끼리는 서로의 힘이 미치지 않지요. 이런 특징적인 작용을 하는 힘으로 결합된 원자핵을 모델화할 때는 '물방울 모델'이라는 것을 사용합니다. 원자핵을 물방울로 간주하고 원자핵을 묶어 놓는 강력과 반발하는 전자기력의 작용을 물방울 모양을 유지시키는 표면장력처럼 표현하는 모델이지요. 이 모델은 앞에서 소개한 태양계형 원자 모델을 제창한 닐스 보어Niels Bohr(1885~1962) 등의 물리학자들이 제창한 것인데, 원자핵의 실제 움직임을 매

그림15 물방울 모델

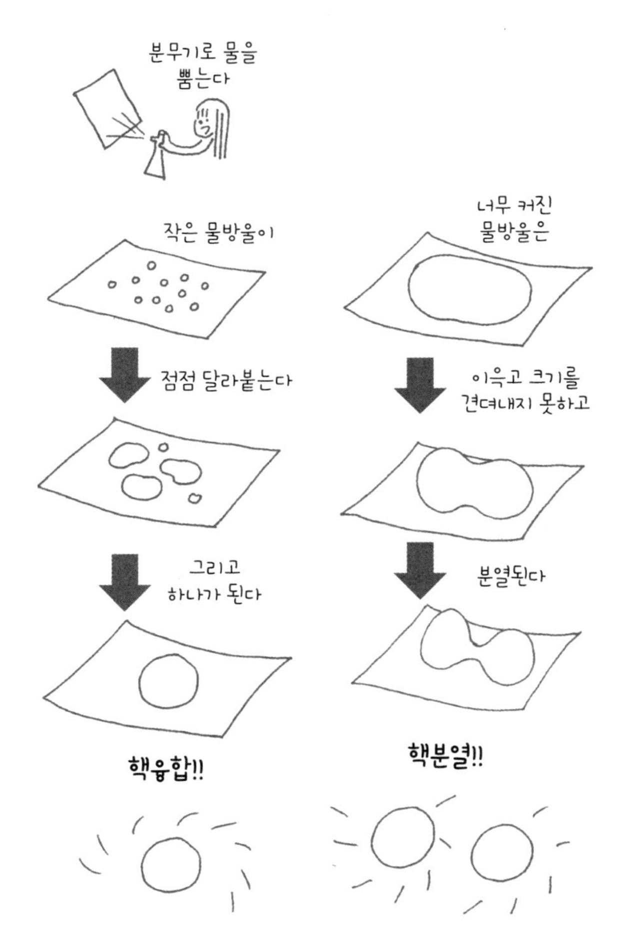
분무기로 물을
뿜는다
작은 물방울이
점점 달라붙는다
그리고
하나가 된다
핵융합!!
너무 커진
물방울은
이윽고 크기를
견뎌내지 못하고
분열된다
핵분열!!

우 잘 설명할 수 있습니다.

오늘은 이런 것을 가지고 왔습니다. 판과 분무기입니다. 이 판에 분무기로 물을 뿜으면 물방울이 생깁니다. 이 물방울을 원자핵이라고 생각해 봅시다(그림15).

이 물방울은 각각 안정적으로 형태를 유지하고 있지만, 서로 접촉할 만큼 접근하면 달라붙어서 커다란 물방울이 됩니다. 그러는 편이 물방울의 표면적의 총합이 작아져서 안정적이기 때문이지요. 이것이 앞으로 이야기할 핵융합을 나타냅니다. 한편 물방울이 너무 크면 중력에 패해 형태를 유지하지 못하고 쪼개집니다. 이것이 (이 또한 앞으로 이야기할) 핵분열을 나타내지요. 물방울 모델은 이와 같은 핵융합과 핵분열 현상을 매우 잘 설명할 수 있습니다.

제2장
핵융합과 핵분열

원자핵을 노출시킨다

지금부터 이야기할 핵융합과 핵분열이 바로 오늘의 주제인 핵무기의 원리 그 자체입니다.

핵융합은 원자핵과 원자핵이 달라붙는 현상입니다. 그러면 두 가지 원자핵을 생각해 보겠습니다(그림16). 둘 다 수소의 동위 원소입니다. 명명법에 따르면 원칙적으로는 수소–2와 수소–3이지만, 수소의 동위 원소만 별개의 이름이 붙었습니다. 그림16에서 양성자 한 개와 중성자 한 개로 구성된 왼쪽을 중수소Deuterium(듀테리움)라고 하고, 양성자 한 개와 중성자 두 개로 구성된 오른쪽을 삼중수소Tritium(트리튬)라고 부르지요. 기호도 원칙적으로는 각각 2H, 3H여야

그림16 두 종류의 수소

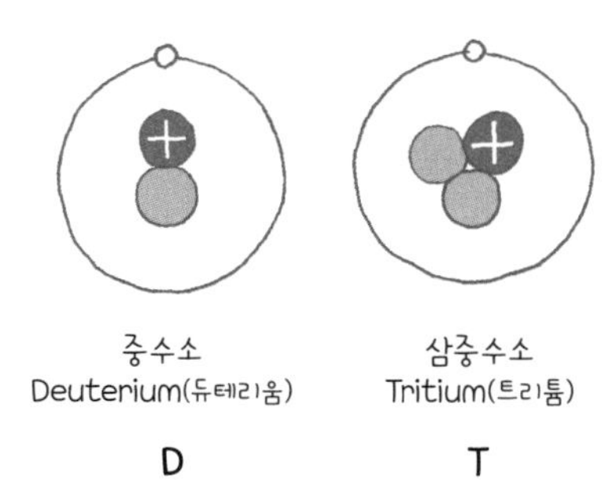

하지만, 특별히 D, T라는 기호도 주어졌습니다. 이 두 가지 원자핵의 핵융합이 가장 유명한 반응인데, 이 반응을 일으키려면 두 개의 장벽을 넘어야 합니다.

원자의 구조를 다시 한번 떠올려 봅시다. 원자의 주위는 전자로 뒤덮여 있고 그 중심에 원자핵이 존재합니다. 그리고 이 전자 덕분에 속이 텅텅 비어 있는 원자끼리도 서로 맞닿을 수 있다는 이야기를 했었지요. 그런데 핵융합 반응을 일으킬 때는 반대로 이 전자가 방해물이 됩니다. 앞에서 보여드렸던 물방울의 융합처럼 원자핵이 융합하려면 강력이 작용할 정도의 가까운 거리, 그러니까 거의 접촉할 만큼 가까워져야 하는데 일반적인 상태에서는 주위의 전자가 방해를 해서 원자핵과 원자핵이 가까이 다가갈 수가 없는 것이지요. 아까도 말씀드렸듯이 원자의 크기는 원자핵 크기의 10만 배나 됩니다. 이래서는 방법이 없지요. 원자핵을 융합시키려면 먼저 이 전자를 어떻게든 제거해야 합니다.

그렇다면 원자에서 전자를 제거하려면 어떻게 해야 할까요? 답은 '고온으로 만든다'입니다. 핵융합의 재료인 중수소나 삼중수소를 고온으로 만들어서 전자와 원자핵을 분리시키는 것이지요. 고온으로 만들면 왜 분리가 되는지 이해하기 위해서는 먼저 온도란 무엇인지 이해해야 하는데, 이번 강연의 주제에서 벗어나는 이야기여서 간략하게만 말씀드리겠습니다. 일단 온도란 '입자의 운동 에너지(의 평균값의 밀도)'입니다. 그러므로 '고온으로 만드는' 것은 전자에 에너지를 줘서 속도를 높이는 것이지요. 인공위성의 주회周回 운동을 떠올리면 이해하는 데 도움이 될지도 모르겠습니다. 인공위성은 중력과 균형을 이루는 속도로 운동할 때는 지구 주위의 궤도를 돌지만(이것이 통상적인 원자 속 전자의 상태입니다), 속도가 더 빨라지면 궤도를 이탈해 우주 저편으로 날아가 버립니다. 이와 마찬가지로 전자에 일정 한계 이상의 속도를 부여하면 원자로부터 뛰쳐나가 버리기 때문에 원자핵이 노출되지요. 이 현상을 '전리電離'라고 부르며, 이와 같이 전자와 원자핵이 분리된 상태를 '플라스마'라고 부릅

그림17 핵융합

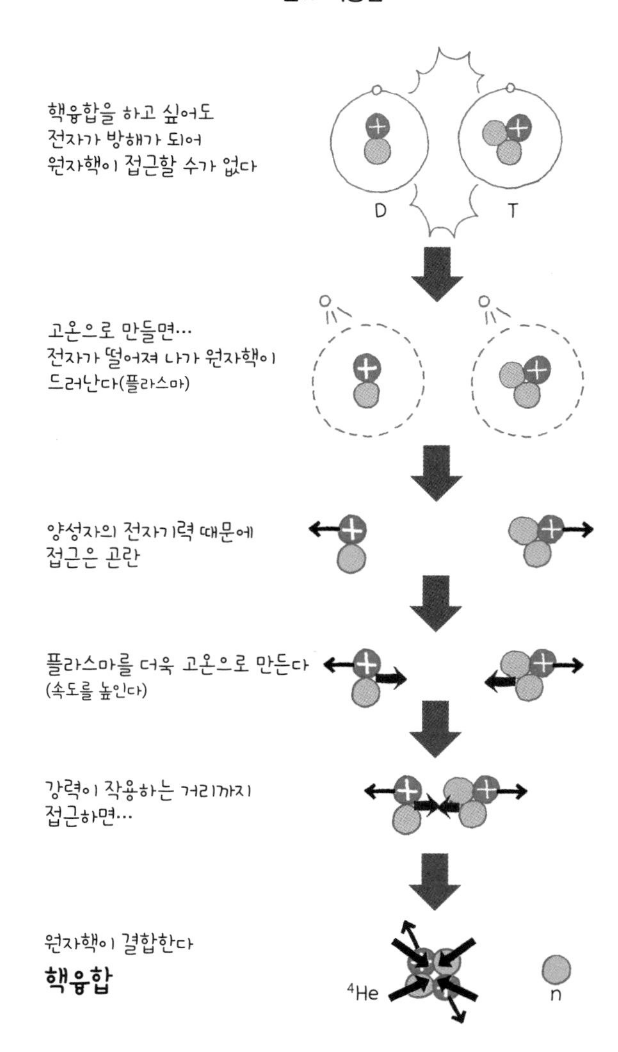

핵융합을 하고 싶어도
전자가 방해가 되어
원자핵이 접근할 수가 없다
D
T
고온으로 만들면…
전자가 떨어져 나가 원자핵이
드러난다(플라스마)
양성자의 전자기력 때문에
접근은 곤란
플라스마를 더욱 고온으로 만든다
(속도를 높인다)
강력이 작용하는 거리까지
접근하면…
원자핵이 결합한다
핵융합
4He
n

니다.

플라스마 상태가 되면 원자핵이 노출되므로 전자의 방해를 받는 일 없이 서로 만날 수 있을 것입니다.

곧바로는 붙지 않는 커플을 붙이려면?

그런데 원자핵이 노출되더라도 금방 달라붙지는 않습니다. 지금까지 여러 번 이야기했듯이 원자핵은 양성자와 중성자로 구성되어 있는 까닭에 전부 플러스의 전기를 띠고 있어서 서로 반발하기 때문입니다. 바로 옆까지 접근만 한다면 강력이 작용해서 금방 달라붙지만, 전자기력 때문에 그리 쉽게는 접근하지 못하는 것이지요. 정말 애가 타는 남녀관계를 떠올리게 하지 않나요? 뭐, 남녀관계라면 금방 가까워지기보다 조금은 애가 타는 편이 사랑이 깊어지겠지만요….

이렇게 솔직하지 못하고 서로 아니라고 반발하는 커플

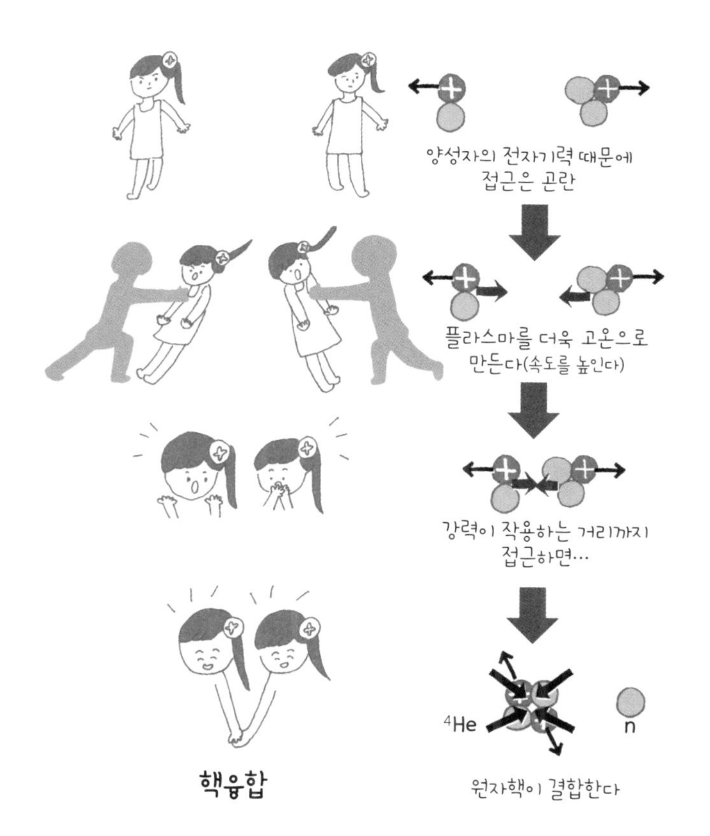

은 뒤에서 등 떠밀어 주는 사람이 필요합니다. “너희들, 이제 제발 좀 사귀어라”라며 누군가가 등을 떠밀어 줘야 하지요. 플라스마 상태가 되어서 전자가 떨어져 나가면 원자핵도 그 온도에 맞는 속도로 운동하는데, 그 속도가 매우 빠르면 전자기력의 반발이 있더라도 바로 근처까지 접근할 수 있습니다. 그래서 속도를 더 높이기 위해 좀 더 고온으로 만들지요.

다만 온도를 높인다고 해도 불을 피워서 데우는 수준이 아니라 (원자핵의 조건에 따라 다르지만) 섭씨 1억 도 정도 되는 수준으로 높여야 합니다. 그리고 앞에서 언급한 물방울처럼 바로 옆까지 접근만 하면 성공입니다. 강력의 도달 거리만 되면 전자기력 따위는 뿌리쳐 버리고 원자핵이 달라붙습니다. 퉁명스럽게 굴다가도 일정 거리 이내로 접근하는 순간 살가워지기 시작하는 남녀관계와 비슷하다고나 할까요? 일단 둘만의 시간을 만들어 주면 작전 성공인 것이지요.

중수소와 삼중수소의 핵융합, DT 반응

중수소와 삼중수소의 핵융합 반응식은 $D + T \rightarrow {}^{4}\text{He} + n$입니다. 여기에서 ^{4}He는 헬륨, n은 중성자입니다. 헬륨은 매우 안정적인 까닭에 이 네 명이 한 조가 되는 모습은 매우 자주 볼 수 있습니다. 그리고 외톨이가 된 중성자는 바깥으로 쫓겨나지요. 패밀리레스토랑에 다섯 명이 갔는데 네 명이 앉을 수 있는 테이블밖에 없어서 한 명이 쫓겨난 것과 같은 슬픈 상황입니다. 마치 저를 보는 것 같네요. 이 반응을 반응식 그대로 DT 반응이라고 부릅니다.

이 DT 반응은 가장 일으키기 쉬운 까닭에 인류가 핵폭탄이나 핵융합로에서 가장 많이 이용하는 반응입니다. 한

플라스마를 더욱 고온으로
만든다(속도를 높인다)
강력이 작용하는 범위까지
접근하면……
동그마니
^{4}He
n
원자핵이 결합한다
핵융합

편 태양 같은 항성에서 일어나는 반응은 양성자와 양성자의 핵융합 반응입니다. 인류가 인공적으로 만들어낼 수 있는 조건 아래에서는 매우 일으키기가 어려운 반응이지만 항성의 거대한 중력을 이용해서 우격다짐으로 만들어내지요. 티끌 모아 태산이라는 말이 있듯이, 전자기력의 관점에서 보면 한없이 작은 힘인 중력도 항성 정도의 질량을 더하면 상당히 거대한 힘이 됩니다.

불안정 상태 일보 직전의 원자핵을 불안정한 원자핵으로 만든다

이제 핵분열 이야기로 넘어가겠습니다. 물방울을 예로 들어 핵분열을 설명하면, 너무 거대해서 자신의 무게를 감당하지 못하는 불안정한 물방울이 분열되는 것입니다. 아까 원자핵이 안정적으로 존재할 수 있는 조합은 한정되어 있다고 말씀드렸는데, 그 조합에서 벗어난 원자핵은 분열됨으로써 안정된 상태가 되려고 합니다. 지금부터 이야기하려는 것은 불안정한 원자핵의 핵분열 반응이며 그 분열될 때의 에너지를 이용하는 것이 목적인데, 단순히 불안정하기만 하면 되는 것이라면 사실 안정적인 쪽이 압도적으로 적기 때문에(40페이지 그림9) 아무거나 다 이용할 수 있을

그림18 자발적 핵분열

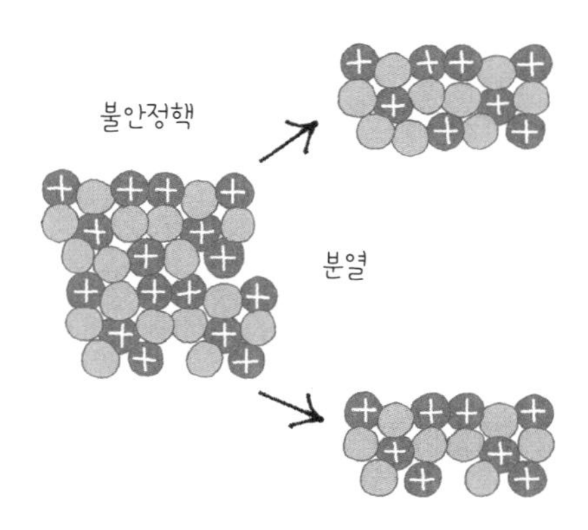

것 같은 생각도 듭니다. 하지만 처음부터 불안정한 원자핵은 인간이 손을 대지 않아도 멋대로 분열되기 때문에 이용하기에 적합하지 않습니다. 그래서 애초에 자원으로 존재하지 않는 것이지요. 그러나 원자로는 핵분열을 엄격하게 제어해야 하고, 핵분열의 폭주처럼 보이는 핵폭탄조차도 기폭 타이밍을 인간이 제어할 수 있어야 무기로 사용할 수 있습니다. 즉, 우리가 원하는 것은 인간이 원하는 타이밍에 분열하도록 제어할 수 있는 원자핵입니다.

그런 까닭에 핵연료로는 불안정해지기 일보 직전 상태의 원자핵을 이용합니다. 예를 들어 중성자 한 개를 더하면

그림19 제어 가능한 핵분열

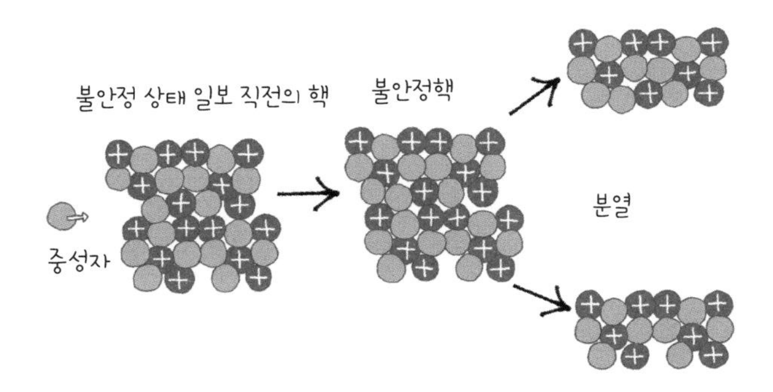

불안정한 상태가 되어 분열되는 원자핵이지요. 이것이 바로 최적의 핵연료입니다. 그런 상태라면 중성자를 더함으로써 인간이 핵분열을 제어할 수 있기 때문입니다.

전하를 갖지 않는 중성자는 원자핵에 쉽게 접근할 수 있다

앞에서 말씀드렸듯이 핵융합의 경우는 원자핵이 플러스의 전기를 띠고 있기 때문에 원자핵과 원자핵을 붙이기 위해서는 초고온의 플라스마 상태를 만드는 등 엄청난 노력을 해야 합니다. 하지만 중성자를 원자핵에 추가시킴으로써 핵분열을 일으키는 방법의 경우는 그런 엄청난 수준의 노력이 필요 없습니다. 중성자는 전기를 띠고 있지 않아서 반발하지 않기 때문이지요. 따라서 초고속으로 중성자를 충돌시킬 필요, 그러니까 고온으로 만들 필요가 없습니다.

원자핵만이 아니라 원자 전체에 대해 생각했을 때도 마찬가지입니다. 핵융합에서는 원자 표면의 전자가 1차적인 문제가 된다고 말씀드렸는데, 중성자는 이 전자의 벽이 있든 없든 개의치 않고 안쪽의 원자핵에 도달합니다. 그래서 핵연료를 전리시킬 필요조차 없지요. 이 때문에 핵무기도 핵분열을 이용한 것(원자 폭탄)이 핵융합을 이용한 것(수소폭탄)보다 일찍 실용화되었고, 원자력 발전의 경우도 핵분열을 이용한 원자로는 수십 년 전부터 인류의 생활을 뒷받침해 온 데 비해 핵융합로는 아직도 실용화 단계에 접어들지 못했습니다.

그러면 이상적인 핵분열 물질인 우라늄-235를 예로 들어서 핵분열이 어떻게 일어나는지 살펴보도록 하겠습니다. 우라늄-235는 안정적인 물질이고 천연 자원으로도 이용 가능한 양이 존재하며, 중성자 한 개를 흡수해 우라늄-236이 되면 그 즉시 핵분열을 일으킵니다.

아이오딘을 마셔라!

물방울이 그때그때마다 다양한 크기의 물방울로 분열되듯이 우라늄-235도 분열 패턴은 한 가지가 아닙니다만, 그중 한 가지 예로 이트륨-103과 아이오딘-131로 분열되는 반응을 살펴보겠습니다. 우라늄-235가 중성자를 한 개 흡수하면 불안정한 우라늄-236이 되면서 그 순간 분열을 일으키는데, 이 경우는 이트륨-103과 아이오딘-131과 중성자 두 개로 분열됩니다(그림20).

그런데 혹시 후쿠시마 원자력 발전소 사고가 일어났을 때 "아이오딘(요오드)을 마시시오!"라는 이야기가 나왔던 것을 기억하는 분도 계실지 모르겠습니다. 아이오딘-131은

그림20 핵분열 반응

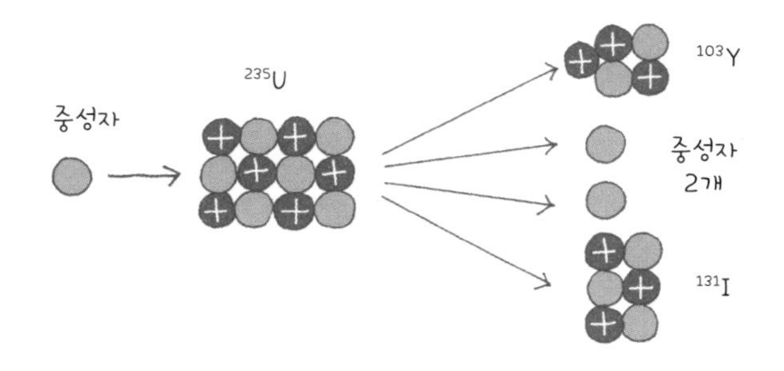

$$^{235}U + n \rightarrow (^{236}U) \rightarrow {}^{103}Y + {}^{131}I + 2n$$

이 반응처럼 우라늄-235의 핵분열 반응을 통해서 만들어지는 까닭에 일정 기간 이상 가동된 원자로 안에 많이 있습니다. 그리고 이 아이오딘-131은 베타선이라는 방사선을 방출하는 동위 원소(방사성 동위 원소)인데, 베타선은 알파선과 마찬가지로 내부 피폭의 영향이 큰 방사선입니다. 게다가 아이오딘은 화학적인 성질상 갑상선에 쌓이기 쉬워서 계속 그곳에 머무르며 방사선으로 갑상선을 공격하기 때문에 위험하지요. 그런데 한편으로 천연에 존재하는 아이오딘의 대부분은 아이오딘-127이라는 방사선을 방출하지 않는 동위 원소입니다. 그래서 이것을 미리 섭취해 갑상선에 충분히 축적되도록 만들면 방사성인 아이오딘-131을 흡입하더라도 갑상선에 쌓이지 않게 되는 것입니다.

여담이지만 아이오딘은 자원이 적은 나라로 알려진 일본의 귀중한 천연 자원입니다. 지하자원으로서는 세계 가채매장량(현재 확립된 기술을 사용해서 채산성을 확보하며 생산할 수 있는 양-옮긴이)의 30퍼센트를 차지하고 있는데, 이는 세계에서 두 번째로 많은 매장량이지요. 산출량도 세계 2위로, 그중 80퍼센트가 지바 현에서 채굴되고 있습니다. 미나미간토南関東 가스전田이라는 일본 최대의 가스전에서 채굴되고 있지요. 미나미간토 가스전은 지바 현과 도쿄에 걸쳐 있는 가스전으로서 일본 국내 천연가스 매장량의 무려 90퍼센트를 차지하는 곳입니다만, 이 천연가스를 본격적으로 채굴하면 도쿄의 지반이 침하되어 도쿄가 괴멸되기 때문에 채굴이 제한되고 있습니다. 아, 이런. 이야기가 또 샛길로 빠졌네요. 죄송합니다….

원자핵을 결속시키고 있었던 힘이 외부로 해방된다

다시 본론으로 돌아가서, 아까의 반응식을 이용해 반응 전후 각 입자의 질량을 비교해 보겠습니다. 화학 반응이라면 질량 보존의 법칙에 따라서 반응 전과 반응 후의 질량 총합이 같을 것입니다.

한 개당 질량은 각각 우라늄-235가 390.300×10^{-27}킬로그램, 이트륨-103이 170.930×10^{-27}킬로그램, 아이오딘-131이 217.375×10^{-27}킬로그램, 중성자가 1.675×10^{-27}킬로그램입니다. 그러니까 반응 전의 합계는 391.975×10^{-27}킬로그램이고 반응 후의 합계는 391.655×10^{-27}킬로그램이 되지요. 어라? 반응 전후에 질량의 총합이 다르군요? 이 반응

그림21 질량 결손

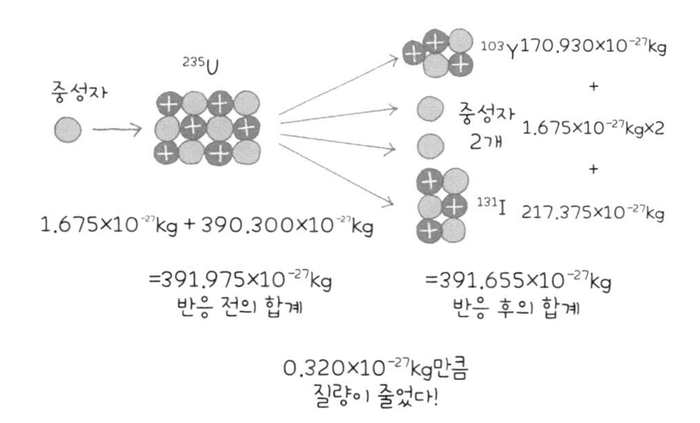

으로 0.320×10^{-27}킬로그램의 질량을 잃은 것이지요. 그런데 화학의 세계에서는 질량이 보존되어야 하지만 물리학의 세계에서는 질량 자체가 보존될 필요는 없고 에너지만 보존되면 됩니다. 그리고 질량과 에너지는 등가等價라는 사실도 밝혀졌습니다. 요컨대 이 잃어버린 질량은 에너지(반응을 통해서 생성된 이트륨-103, 아이오딘-131, 중성자의 운동 에너지)로 바뀐 것이지요. 이 잃어버린 질량(에너지로 변한 질량)을 질량 결손이라고 부릅니다.

이 질량 결손의 원천은 입자 자체가 아닙니다. 양성자와 중성자의 총수가 줄지 않은 것은 질량수를 계산해 보면 알 수 있지요. (U)235+(n)1=(Y)103+(I)131+2×(n)1과 같이 질량수의 총합이 정확히 일치합니다. 그렇다면 그 원천은 무엇일까요? 바로 원자핵 속의 강력과 전자기력을 통한 결합 에너지, 양성자와 중성자를 붙여 놓는 에너지입니다.

원자핵은 플러스의 전기를 띠고 있는 양성자와 전기를 띠고 있지 않은 중성자로 구성되어 있어서 전기적으로는 플러스밖에 존재하지 않기 때문에 끊임없이 반발하며 서로를 밀어내려 합니다. 그것을 강력으로 눌러서 억지로 묶어 놓은 것인데, 이것은 늘어나려 하는 용수철을 억지로 눌러 놓은 것과 비슷합니다. 얌전하게 눌려 있는 용수철도 억지로 눌려 있던 스트레스에서 해방되면 주위의 물건을 날려 버릴 정도의 잠재적인 힘을 조용히 숨기고 있지요. 이것을 퍼텐셜 에너지라고 부릅니다. 만약 용수철을 누르는 힘이 없어진다면 용수철은 순식간에 늘어나서 그 용수철에 연결되어 있는 물체를 날려 버릴 것입니다. 이때 용수철이 지닌 퍼텐셜 에너지가 물체의 운동 에너지로 변환되지요. 원자핵의 경우도 마찬가지로, 강력이 사라지면 그 순간 갇혀 있었던 퍼텐셜 에너지, 원자핵의 경우는 결합 에너지가 단숨에 운동 에너지로 해방됩니다. 이때의 운동 에너지는 분할된 원자핵이나 중성자 등 분열된 파편의 운동 에너지입니다.

그리고 이 원자핵 안에 눌려 있었던 결합 에너지는 질량과 에너지의 등가성에 따라 원자핵의 질량의 일부로 우리에게 관측되지요. 지금은 자세히 다루지 않겠지만, 질량과 에너지의 등가성은 특수 상대성 이론의 필연적 귀결로써 도출됩니다. 그 때문인지, 이 특수 상대성 이론을 만들어낸 앨버트 아인슈타인Albert Einstein(1879~1955)이 핵무기를 만들어냈다고 오해하는 사람도 일부 존재하는 모양이더군요.

그렇다면 어떤 때 이런 분열이 일어날까요? 강력은 도달거리가 짧다고 말씀드렸는데, 어느 정도인가 하면 거의 붙어 있는 양성자나 중성자에만 작용할 정도로 짧습니다. 그래서 거대한 원자핵의 경우 같은 핵 속이라도 위치가 멀리 떨어져 있으면 강력이 작용하지 않습니다.

항상 혼자서 지내는 저도 어쩌다 보니 작년 말에는 송년회에 초대를 받아서 기쁜 마음으로 참가했습니다. 그런데 이게 참가 인원이 굉장히 많은 모임이어서 결국 가까운 자리에 있는 분들과만 대화할 수 있었고 멀리 떨어진 자리에 계신 분들과는 거의 이야기를 나누지 못했습니다. 저 같은 일개 참석자야 그렇다 쳐도 그런 모임을 운영하는, 참가한 분들을 '결합'시키는 역할을 해야 하는 총무의 스트레스는 얼마나 클까 하는 생각이 들더군요.

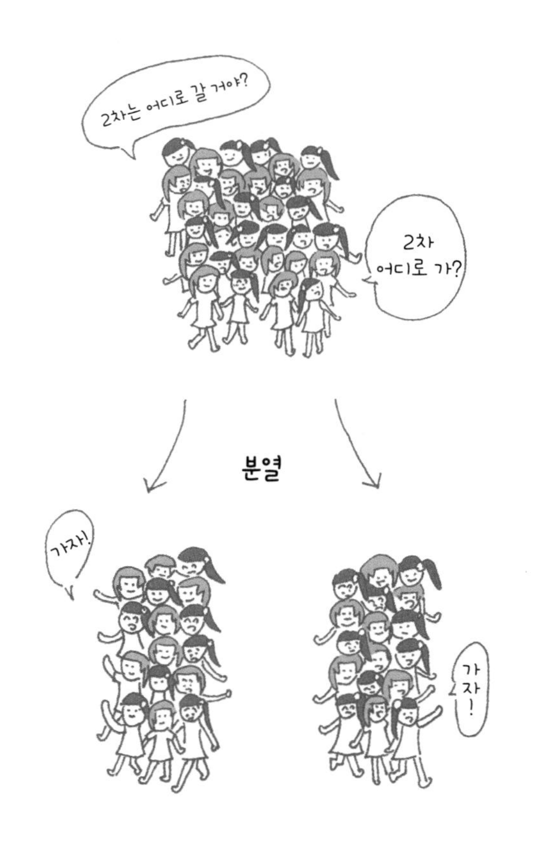

바로 근처에 있는 이웃하고만 커뮤니케이션할 수 있는 강력으로는 이런 상태가 되는 것입니다. 이렇게 작용 방식이 특이한 강력 덕분에 원자핵에는 안정적인 수량이라는 것이 존재합니다. 모임은 참가 인원이 너무 적으면 분위기가 썰렁해서 좀 더 사람을 부르고 싶어지지만, 반대로 참가 인원이 너무 많으면 이번에는 그룹을 둘로 나누는 편이 오히려 커뮤니케이션이 원활해집니다. 사람을 더 부르거나 그룹을 나눔으로써 원활한 커뮤니케이션을 꾀할 수 있게 되면 불필요하게 신경 쓸 필요도 없어져서 모임을 충분히 즐길 수 있게 되지요.

물방울을 예로 들어서 말씀드렸듯이, 원자핵이 융합이나 분열을 일으키는 이유는 그러는 편이 안정되기 때문입니다. 안정된다는 말은 낭비 없이 좀 더 효율적으로 그 원자핵의 형태를 유지할 수 있다는 뜻이기도 합니다. 과도하게 신경 쓸 필요 없이 원활한 커뮤니케이션을 할 수 있는 상태이지요. 그래서 융합이나 분열을 일으켜서 안정된 원자핵은 반응 전보다 더 적은 결합 에너지로 원자핵의 형태를 유지할 수 있는 까닭에 남아돌게 된 에너지를 방출해 버리는데, 이 에너지가 바로 오늘의 주제인 핵무기의 에너지가 됩니다.

폭약과는 차원이 다른 에너지가 방출된다

잃어버린 질량이라고 해도 애초에 전체 질량의 0.8퍼센트밖에 안 되니까 대단한 양이 아니라고 생각할지도 모릅니다. 그런데 이것을 에너지로 환산하면 상당한 양이 됩니다. 에너지와 질량의 변환식은 $E=mc^2$로 나타낼 수 있습니다. E는 에너지, m은 질량, c는 빛의 속도이지요. 여기에 아까의 질량 결손을 대입하면 우라늄-235의 원자 한 개당 2.88×10^{-11}줄J의 에너지가 됩니다. 이래도 작은 값으로 생각할지 모르지만, 우라늄-235 1킬로그램이라면 그 에너지는 7.38×10^{13}줄, 그러니까 70테라줄TJ에 이릅니다(앞에서 말씀드렸듯이 우라늄-235의 분열에는 다양한 패턴이 있으며, 이것을 평

표2 1킬로그램에서 끌어낼 수 있는 에너지

휘발유	50,000,000J
^{235}U	80,000,000,000,000J
폭약(TNT)	4,000,000J

균으로 내면 80테라줄 정도입니다). 이것이 어느 정도의 양인가 하면, 예를 들어 휘발유 1킬로그램을 연소시켰을 경우 그 발열량이 40~50메가줄MJ 정도이니까 무려 여섯 자리, 즉 100만 배나 되는 에너지인 것입니다! 문자 그대로 차원이 다르지요.

기존의 폭탄은 화학 반응형 폭약을 사용했는데, 일반적인 폭약인 트리니트로톨루엔TNT의 경우 그 폭발로 끌어낼 수 있는 에너지는 1킬로그램당 4메가줄입니다. 그러니까 우라늄-235의 핵분열 반응을 폭발에 완전히 이용할 수 있다면 폭약의 1,000만 배나 되는 위력이 나오는 셈이지요. 바로 이것이 개발하기도 어렵고 다루기도 어려운 핵무기를 모두가 눈에 불을 켜고 개발하려는 이유입니다.

핵연료로 사용하기에 적합한 물질이란?

그러면 핵폭탄을 만들기에 바람직한 핵분열 물질에 관해 생각해 봅시다. 핵분열 물질이라면 무엇이든 되는 것은 아닙니다.

첫 번째 조건은 자원으로서 어느 정도 존재하는 물질이어야 한다는 것입니다. 실험실에서만 만들 수 있거나 생산량이 매우 적어서는 실용적이지 못하지요. 예를 들어 발전용 원자로에서 우라늄-235가 소비되는 양을 생각해 보겠습니다. 발전량은 대체로 1기가와트GW입니다. 인간은 1인당 1킬로와트kW 정도의 전력을 소비하므로 1기가와트의 발전량이라면 100만 명의 생활을 뒷받침할 수 있지요.

1기가와트의 발전량을 만들어내려면 발전 효율을 생각했을 때 3기가와트 정도의 출력이 필요합니다. 이 원자로를 하루 가동하는 데 필요한 에너지는 260테라줄인데, 앞에서 말씀드렸던 1킬로그램당 80테라줄의 에너지라는 수치를 이용하면 우라늄-235의 하루 소비량은 3킬로그램 정도가 됩니다. 의외로 많지요? 물론 석유나 석탄, 가스 같은 화학 에너지 자원에 비하면 문자 그대로 차원이 다르기는 하지만, 자원으로서 어느 정도 존재해야 한다는 점은 이해하셨으리라 생각합니다.

천연 자원에만 의지하지 않고 제조해서 사용하는 방법도 있습니다만, 이 정도 양이면 실험실에서 만들어내는 정도로는 턱없이 부족하며 공업적으로 제조할 필요가 있습니다.

분열 일보 직전의 우라늄과 플루토늄

바람직한 핵분열 물질의 또 한 가지 조건은 앞에서 말씀드렸듯이 멋대로 핵분열을 일으키지 않는 것입니다. 중성자를 줬을 때만 핵분열을 일으키고 그렇지 않을 때는 전혀 반응을 일으키지 않는 물질이 바람직하지요. 자연적으로 일어나는 핵분열을 '자발적 핵분열'이라고 부릅니다.

각종 핵분열 물질의 1킬로그램당 자발적 핵분열이 일어나는 비율을 표로 만들어 봤습니다(《Spontaneous Fission Half-Lives for Ground State Nuclide》 Norman E. Holden and Darleane C. Hoffman, Pure and Applied Chemistry, 72, No.8, 1525-1562(2000))의 데이터를 바탕으로 저자가 계산). 각각의 물질

표3 자발적 핵분열의 비율

^{235}U	0.0056
^{238}U	6.8
^{239}Pu	7
^{240}Pu	484,000
^{241}Pu	0.9

Hz / kg

을 1킬로그램 모았을 때 1초 동안에 자발적 핵분열이 몇 회 일어나는지 알 수 있는 값이지요. 우라늄-235는 횟수가 매우 적은데 플루토늄-240은 횟수가 다른 물질과는 비교도 안 되게 많음을 알 수 있습니다. 이렇게 제멋대로 핵분열을 일으켜서는 절대 핵폭탄의 재료로 사용할 수 없지요.

이 세상에는 다양한 원소가 있지만, 이런 조건을 충족시키는 것은 사실 거의 없습니다. 그래서 천연 물질 가운데 실제로 사용되는 것은 우라늄-235뿐이고, 인공적으로 제조하는 물질 중에서도 우라늄-233과 플루토늄-239, 플루토늄-241만이 사용됩니다. 오늘은 다루지 않지만, 이 가운데 우라늄-233은 토륨 사이클이라고 부르는 발전 시스템에 사용됩니다. 원자로에 넣은 토륨-232라는 물질이 중성자를 흡수함으로써 우라늄-233으로 바뀌고 그 핵분열을 통해 에너지를 얻는 방식이지요. 우라늄-233은 천연 자원으로서 채굴되는 것이 아니라 이렇게 토륨-232에서 인공적으로 만들어지는 물질입니다. 오늘의 주제인 핵무기의 핵연료로는 우라늄-235와 함께 플루토늄-239가 또 다른 주역의 자리를 차지하고 있습니다.

표4 인간이 다룰 수 있는 핵분열 물질

천연 자원
^{235}U
원자로 생성물
^{233}U
^{239}Pu
^{241}Pu

중성자의 속도가 핵분열의 발생 가능성을 좌우한다

다음에는 이 핵분열 물질을 사용해서 어떻게 핵분열 반응을 일으키는지 생각해 보겠습니다. 중성자를 흡수시켜서 불안정하게 만드는데, 이때 어떻게 흡수시키느냐가 중요합니다. 요컨대 중성자의 속도가 중요하지요.

캐치볼을 예로 들어 보겠습니다. 상대가 공을 느리게 던져 주면 공을 쉽게 받을 수 있습니다. 하지만 총알처럼 빠른 공이 날아오면 그렇게 쉽게는 받을 수 없지요. 공이 중성자이고 캐치볼을 하는 사람이 원자핵이라고 생각하면 이와 마찬가지로 원자핵도 속도가 빠른 중성자는 붙잡기 어렵다는 것을 알 수 있습니다. 중성자의 속도가 느리면 원자

그림22 중성자의 속도와 핵과의 반응

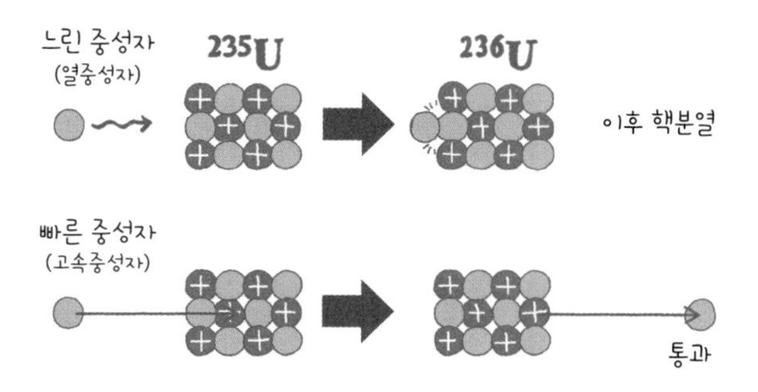

핵이 쉽게 붙잡을 수 있지만 중성자의 속도가 빠르면 원자핵이 붙잡지 못해서 그냥 지나쳐 버리는 일이 많아지지요. 중성자를 잡지 못하면 핵분열은 일어나지 않습니다.

표5는 중성자의 대표적인 속도에 대해 핵분열 반응이 일어나기 쉬운 정도의 차이를 비교한 것입니다JAEA Nuclear Data Center. 핵분열 반응이 일어나기 쉬운 정도는 '핵분열 단면적'이라고 부르는 값으로 표현됩니다. 이것은 중성자를 붙잡기 쉬운 정도뿐만 아니라 중성자를 붙잡았을 경우에 핵분열이 일어날 확률을 함께 나타내지요. 이 표를 보면 원자핵에 부딪히는 중성자의 속도에 따라 핵분열이 일어나는 비율이 상당히 달라짐을 알 수 있습니다. 그러므로 단순히 이

표5 핵분열 단면적

중성자의 속도	핵분열 단면적
[m/sec]	[$\times 10^{-28}$ m2]
2,200	585
20,000,000	1.2

점만을 생각해서 핵분열 반응을 효율적으로 실시하려 한다면 중성자의 속도가 느린 편이 좋다는 결론이 나옵니다.

핵분열 반응이 일어나면 질량 결손으로 방대한 에너지가 생기며 이것이 반응 후 물질의 운동 에너지가 된다는 이야기를 했습니다. 그런 까닭에 중성자는 그 방대한 에너지를 받아 빠른 속도를 내지요. 그런데 핵분열 에너지를 이용할 때는 핵분열 반응으로 생겨난 이 중성자를 가지고 다시 핵분열 반응을 일으키는 식의 연쇄 반응을 일으켜야 합니다. 그래서 연쇄 반응을 효율적으로 일으키기 위해서는 생겨난 중성자를 감속시키는 것이 바람직합니다.

표5에서 예로 든 두 가지 속도 중 빠른 쪽은 핵분열 반응으로 방출되는 중성자의 전형적인 속도이고, 느린 쪽은 원자로 속에서 감속한 중성자의 전형적인 속도입니다. 후자와 같은 속도의 중성자를 열중성자라고 부르지요. 아까 온도가 에너지를 나타낸다는 말씀을 드렸는데, 이 속도를 온

도로 환산하면 딱 실온 정도이기 때문입니다.

그러면 다음에는 연쇄 반응에 관해 이야기하겠습니다.

236U
2H

제3장

연쇄 반응

핵분열의 연쇄 반응

지금부터 핵분열의 연쇄 반응에 관해 이야기할 텐데, 먼저 원자로를 예로 들어서 그 원리를 살펴보도록 하겠습니다. 이 책은 핵무기가 주제이지만 핵분열을 이용한다는 점에서는 원자로도 마찬가지이지요. 핵분열을 천천히 일으키는 것이 원자로이고, 일순간에 급격하게 일으키는 것이 핵무기입니다. 원자로와 핵무기를 비교하면서 살펴보면 각각의 구조를 좀 더 잘 알 수 있을 것입니다.

원자로에서 중심이 되는 것은 핵연료(핵분열 물질)입니다. 여기에서는 원자로에 사용되는 가장 일반적인 핵연료인 우라늄-235를 예로 들어서 생각해 보겠습니다(그림23).

이 연료에 중성자를 조사합니다. 최초로 중성자를 발생시키는 중성자원源을 이니시에이터라고 부릅니다. 이니시에이터는 기폭제라는 뜻인데, 핵반응뿐만 아니라 다양한 분야에서 사용되는 용어입니다. 머리글자를 영어로 이니셜initial이라고 하지요? 이니셜은 '최초의'라는 의미입니다. 또 어떤 비밀 결사 같은 단체에 들어갈 때의 입단 의식을 이니시에이션initiation이라고 하지요. 그러니까 이니시에이터는 핵분열의 연쇄 반응을 개시하기 위한 최초의 의식을 시작하는 것이라고 할 수 있습니다.

이니시에이터가 구체적으로 어떤 것인지는 뒤에서 설명해 드리기로 하고, 어쨌든 이것을 통해서 핵분열 물질(우라늄-235)에 중성자가 흡수되면 핵분열이 일어납니다. 그런데 앞에서 말씀드렸듯이 핵분열이 일어나면 그와 동시에 중성자도 방출됩니다. 중성자를 흡수한 핵분열 물질이 다시 중성자원이 되는 것이지요. 그러면 그 중성자를 옆에 있는 핵분열 물질이 흡수해서 핵분열을 일으키고, 그 결과 중성자가 발생하며, 그 중성자를 다시 그 옆에 있는 핵분열 물질이 흡수하고…. 처음에 이니시에이터를 통해서 중성자를 조사하면 그 뒤에는 이런 식으로 알아서 반응이 지속됩니다. 이것이 바로 연쇄 반응이지요.

그림23 핵분열의 연쇄 반응

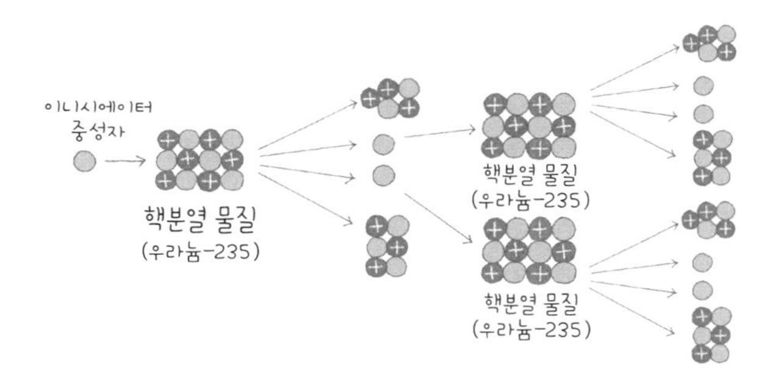

그런데 이 핵분열로 생긴 중성자는 속도가 빠릅니다. 앞에서 말씀드렸듯이 속도가 빠른 상태에서는 옆의 원자핵을 그냥 통과해 버리는 경우가 많아지기 때문에 효율적으로 핵분열을 일으키지 못합니다. 그러므로 이 중성자를 감속시켜 원자핵에 흡수되기 쉬운 열중성자로 만드는 것이 바람직하지요. 그래서 중성자를 감속시키는 물질, 그러니까 감속재를 핵연료와 함께 원자로의 노심爐心에 넣어 둡니다. 이 감속재 덕분에 효율적으로 연쇄 반응을 일으킬 수 있습니다.

핵분열 반응의 예로 들었던 반응식을 다시 한번 떠올려 보시기 바랍니다.

$$^{235}U + n \rightarrow (^{236}U) \rightarrow {}^{103}Y + {}^{131}I + 2n$$

이 반응식에서 중성자의 수에 주목해 주십시오. 중성자 한 개를 사용해서 반응을 일으키면 중성자 두 개가 발생합니다. 즉, 중성자의 수가 늘어납니다. 이것이 중요한 포인트입니다. 요컨대 중성자 한 개가 중성자 두 개를 만들고, 이 두 개가 전부 다음의 핵분열 반응을 일으킨다면 다음에는 중성자 네 개가 발생합니다. 기하급수적으로 증가하는 것이지요. 1회에 두 배씩 증가한다고 가정하면 10회째에는 1,000배, 20회째에는 100만 배가 됩니다. 우라늄-235의 핵분열 반응을 설명할 때 말씀드렸듯이 이 반응은 한 가지 예일 뿐이며 실제로는 수많은 반응이 각각의 확률로 일어납니다만, 평균을 내면 우라늄-235는 열중성자를 흡수해서 핵분열을 일으켰을 경우 중성자 한 개에서 중성자 2.06개를 발생시킵니다. 표5(95페이지)에 나오는 고속의 중성자를 흡수했을 경우는 발생하는 중성자의 평균수가 미묘하게 달라져서 2.5개 정도가 되지요. 다만 이것은 '중성자를 흡수해서 핵분열을 일으켰을 경우'의 값이고, 이미 말씀드렸듯이 열중성자를 흡수할 확률과 고속중성자를 흡수할 확률에는 큰 차이가 있습니다. 한편 플루토늄-239의 경우는 우라늄-235보다 조금 많아서, 표5에 나오는 속도의 열중성자와 고속중성자를 흡수해서 핵분열을 일으켰을 경우 각각 2.1개와 3.0개 정도를 발생시킵니다(《Neuclear Reactor Analysis》 James J. Duderstadt, Louis J. Hamilton).

이와 같이 1회의 반응으로 증가하는 중성자의 수가 두 배만 되어도 연쇄 반응은 기하급수적으로 증대되며 폭주해 버립니다. 이 책의 주제인 핵무기는 바로 이 연쇄 반응의 폭주를 이용하는데, 지금은 연쇄 반응을 제어하는 방법에 관해 먼저 생각해 보도록 하겠습니다.

제어봉을 집어넣거나 뺌으로써 중성자의 양을 제어한다

핵분열로 발생한 중성자를 어떤 방법으로 줄이는 데 성공해 핵분열 반응에 사용되는 중성자의 수와 그 핵분열로 원자로 안에 방출되는 중성자의 수가 같은 상태를 유지한다면 안정적으로 연쇄 반응을 지속시킬 수 있을 것입니다. 이 중성자의 수를 조정하기 위해 사용하는 것이 바로 제어봉입니다.

제어봉은 중성자를 쉽게 흡수하는 재질로 만들어져 있습니다. 후쿠시마 원자력 발전소 사고가 일어났을 때 "원자로 안에 붕산을 투입해야 한다!"라는 이야기를 들어 보신 분도 계실지 모르겠습니다. 바퀴벌레 퇴치에 사용하는 붕

그림24 원자로의 원리

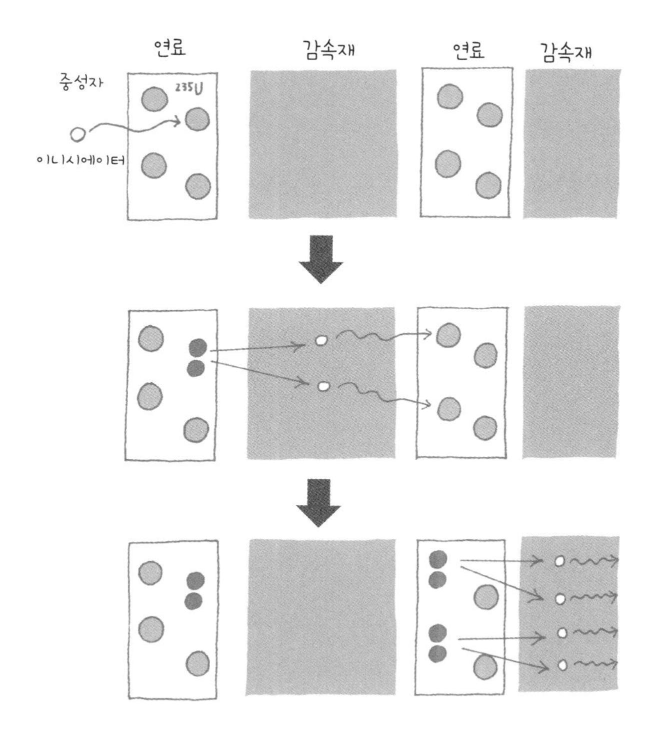

중성자 한 개가 흡수되었을 때 새로 생성되는 중성자의 평균수

	열중성자	고속중성자
^{235}U	2.06	2.5
^{239}Pu	2.1	3.0

산 경단의 그 붕산인데, 붕소는 중성자의 흡수 단면적이 매우 큰 까닭에 중성자를 흡수해서 핵분열 반응을 멈출 수 있습니다. 붕소 이외에 중성자를 잘 흡수하는 재료로는 하프늄이나 카드뮴 등이 있지요. 제어봉을 사용해서 필요 이상의 중성자를 흡수함으로써 핵분열에 사용되는 중성자의 수와 핵분열의 결과 새로 생성되는 중성자의 수(제어봉에 흡수되는 것을 제외한 중성자의 수)가 균형을 이루도록 제어하는 것입니다. 마치 붕산 경단이 바퀴벌레의 폭발적인 번식을 막아 주는 것처럼 말이지요.

그림24에서 중성자 한 개로 핵분열이 일어나면 중성자 두 개가 새로 생성되는데, 그중 한 개를 제어봉으로 흡수하면 중성자는 한 개만 남기 때문에 균형이 맞습니다. 그 결과로 안정적인 연쇄 반응을 지속시킬 수 있지요. 이와 같이 중성자의 수지收支가 균형을 이룬 상태를 '임계 상태'라고 부릅니다. 후쿠시마 원자력 발전소 사고가 일어났을 때 언론 보도를 보면 단순히 핵연료에서 중성자가 방출되는 것을 '임계'라고 표현한 경우도 있었는데, 이것은 올바른 표현이 아닙니다. '임계 상태'에서는 중성자의 수지가 균형을 이뤄서 연쇄 반응이 안정적으로 지속되어야 합니다.

미임계 상태와 초임계 상태

지금 제어봉이 임계 상태를 유지할 수 있는 적당한 위치에 들어가 있다고 가정하겠습니다(그림25①). 이 상태에서 제어봉을 더 깊게 집어넣어 봅시다(그림25②). 그러면 제어봉에 흡수되는 중성자의 수가 증가하기 때문에 소비되는 중성자의 수가 생성되는 중성자의 수를 웃돌게 되어 원자로 안의 중성자 수가 감소합니다. 이렇게 되면 핵분열 반응은 점점 감소하고, 결국은 연쇄 반응이 멈추고 말지요. 이 상태를 '미임계 상태'라고 부릅니다. 원자로를 정지시키는 과정에 들어갔을 때가 여기에 해당됩니다.

반대로 임계 상태에서 제어봉을 뽑아 봅시다(그림25③).

그림25 미임계 상태와 초임계 상태

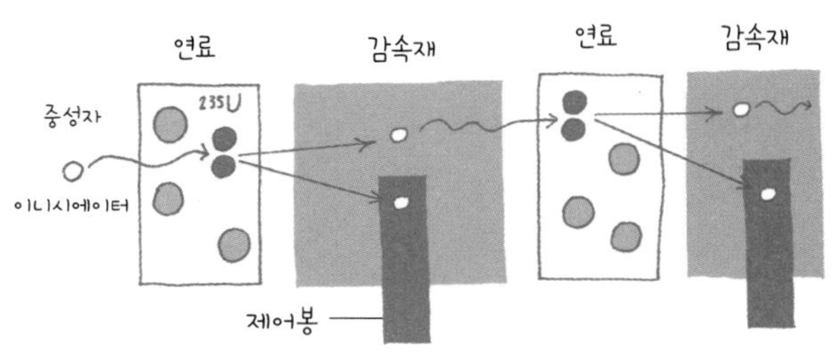

① 핵분열로 소비되는 중성자의 수 = 핵분열로 생성되는 중성자의 수
임계 상태(정상 운전 중의 원자로)

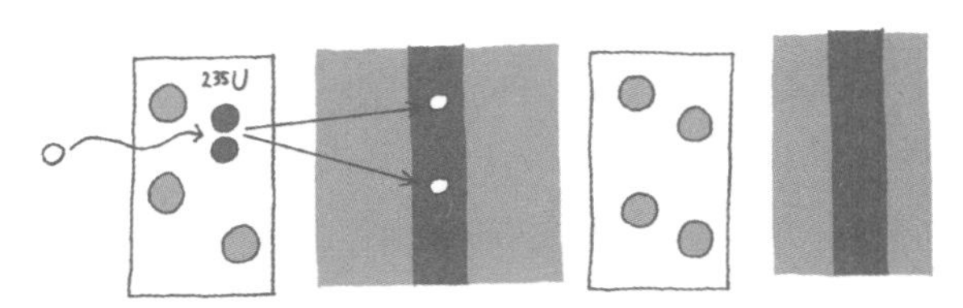

② 핵분열로 소비되는 중성자의 수 > 핵분열로 생성되는 중성자의 수
미임계 상태(정지 중의 원자로)

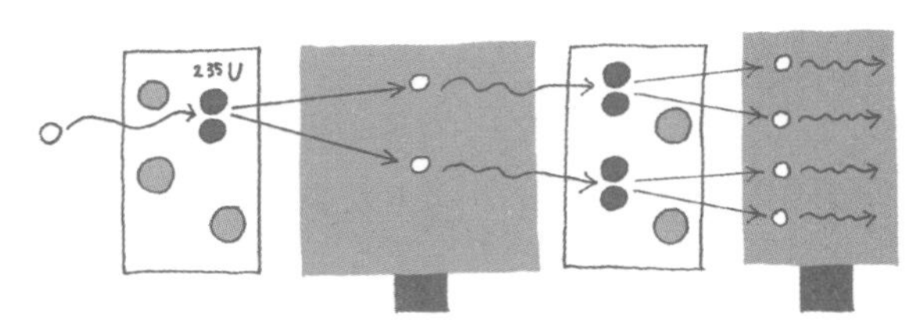

③ 핵분열로 소비되는 중성자의 수 < 핵분열로 생성되는 중성자의 수
초임계 상태

핵폭발

그러면 제어봉에 흡수되는 중성자의 수가 감소하기 때문에 생성되는 중성자의 수가 소비되는 중성자의 수를 웃돌아서 원자로 안의 중성자 수가 증가합니다. 이것을 '임계 초과 상태' 또는 '초임계 상태'라고 부르지요. 이 상태를 의도적으로, 지극히 단시간에 만들어내면 이 책의 주제인 핵폭발이 일어납니다.

체르노빌에서는 제어봉을 뽑아 버렸다

이처럼 원자로에서 제어봉은 문자 그대로 핵반응을 제어하는 아주 중요한 기기인데, 인류 역사상 최악의 원자력 발전소 사고인 체르노빌 원자력 발전소 사고(1986년)의 원인은 이 제어봉의 인위적 조작 실수와 구조적인 문제였습니다.

사고 원인을 살펴보기에 앞서, 먼저 원자로 안에서 발생하는 물질에 관해 설명해 드리겠습니다. 핵분열 반응은 핵연료 물질의 원자핵이 분열되는 것이기에 결과적으로 여러 가지 물질을 새로 만들어냅니다. 처음에 우라늄-235의 핵분열 이야기를 했을 때는 아이오딘과 이트륨으로 분열되는 예를 들었습니다만(78페이지 그림20), 이것은 어디까지나 한 가지 예일 뿐이며 실제로는 다양한 패턴의 분열이 일어난다는 이야기도 했습니다. 또 핵분열로 생성된 물질은 방사선을 방출하면서 다시 다른 물질로 바뀌고(핵분열이 아닙니다), 이를 통해서도 다양한 물질이 생성됩니다. 이런 생성 물질 중에는 중성자를 잘 흡수하는 물질도 존재하지요. 그 대표적인 예가 제논-135인데, 이것이 원자로 안에 축적되면 중성자가 흡수되어서 감소하기 때문에 핵분열 반응이 저하되어 버립니다. 이런 물질을 '독물질'이라고 부르지요. 인간의 몸에 독으로 작용해서 독물질인 것은 아니고(정확히 말하면 몸에 나쁘기는 합니다만) 'Poison'을 직역한 것입니다. 원자로의 활동을 방해한다는 의미에서 원자로에 대해 독인 것이지요.

이 제논-135는 원자로를 정지하는 과정에서 잘 발생합니다. 그래서 원자로를 일단 정지하면 단기간에 재가동하기가 쉽지 않지요. 재가동하려고 해도 제논-135가 중성자를 계속 흡수하는 까닭에 임계 상태에 도달하기까지 시간이 걸립니다.

사고 당시 체르노빌에서는 어떤 테스트를 위해서 정격 출력보다 상당히 낮은 출력으로 운전을 지속시키려 했습니다. 하지만 이 독물질이 증가하는 바람에 출력이 예정했던 것보다 훨씬 낮은 수준까지 떨어져 버렸지요. 그 출력으로는 테스트를 할 수가 없었습니다. 이럴 경우 원래는 테스트가 불가능해진 시점에 테스트를 중지했어야 하는데, 테스트를 중지시키고 싶지 않았던 운전원이 출력을 높이기 위해 제어봉을 뽑기 시작했습니다. 원자로의 폭주가 일어났을 때는 제어봉이 거의 뽑힌 상태였다고 하더군요. 게다가 테스트가 도중에 중단되지 않도록 안전장치를 끈 상태에서 이 작업을 했다고 합니다. 정말 충격적인 이야기입니다.

독물질도 중성자를 흡수하면 차례차례 다른 물질로 변해서 결국 사라집니다. 제어봉이 거의 뽑힌 원자로에서 독물질이 중성자를 흡수함으로써 간신히 연쇄 반응을 억제하고 있었는데 그런 지극히 불안정한 상태에서 독물질이 없어져 버리면 어떻게 될까요? 단번에 초임계 상태가 되어서 폭주해 버립니다.

원자로의 출력이 급격히 상승하고 있음을 깨달은 운전원은 긴급 정지 조작, 그러니까 제어봉의 일제 삽입을 실시했습니다. 하지만 제어봉이 삽입되는 데 어느 정도 시간이 걸렸을 뿐만 아니라 체르노빌 원자력 발전소의 이 원자로가 제어봉을 완전히 뽑아냈다가 다시 삽입하면 일시적으로 출력이 상승하는 특이한 구조였던 까닭에 그 사이 원자로가 폭주해서 폭발해 버렸던 것입니다.

체르노빌 사고의 경우는 원자로의 정지에 실패한 결과 원자로가 폭주해 버렸습니다. "후쿠시마의 원자력 발전소는 체르노빌 이상이다"라고 말하는 사람도 있습니다만, 후쿠시마 제1원자력 발전소는 당시 원자로의 핵분열 반응을 확실히 정지시켰습니다. 이 차이를 이해해야 합니다. 후쿠시마 원자력 발전소 사고의 원인은 원자로 정지 후에 냉각을 시키지 못한 것입니다. 원자로 안에 생성된 물질은 대부분이 방사성 물질이기 때문에 방사선을 방출할 때의 에너지인 붕괴열을 발생시킵니다. 핵분열 반응이 정지된 원자로 안에도 열원은 있는 것이지요. 따라서 정지한 원자로도 냉각을 시킬 필요가 있습니다. 그런데 후쿠시마 원자력 발전소 사고에서는 이 냉각을 제때 하지 못했기 때문에 노심이 융해되어 버린 것입니다. 물론 이것은 중대한 사고입니다. 다만 정지에 실패해 폭주를 일으킨 체르노빌의 사고와는 본질적으로 다릅니다.

지열은 왜 생기는가?

참고로, 이 붕괴열이라는 것은 핵분열 반응으로 발생하는 에너지에 비하면 소소하지만, 티끌도 모으면 태산이 되듯이 다 합치면 상당해집니다. 가령 폴로늄-210은 고작 1그램으로 140와트나 되는 에너지를 방출하지요. 백열전구 이상의 출력입니다.

티끌 모아 태산이라고 하니 생각이 났는데, 지구의 지열도 그렇습니다. 지열 발생원의 절반 이상은 땅속에 있는 방사성 물질의 붕괴열이지요(〈Partial radiogenic heat model for Earth revealed by geoneutrino measurements〉 The KamLAND Collaboration, Nature Geoscience, 4, 647-651(2011)). 지각보다 아

래층은 상당히 고온인데, 방사성 물질이 없었다면 현재와 같은 온도는 되지 않았을 것이고 지구는 상당히 차가운 별이 되었을 것입니다. 지열의 총량은 태양에서 받는 에너지의 수천분의 1밖에 안 되지만, 빠져나갈 곳이 없는 땅속에 갇혀 있는 덕분에 지구가 높은 온도를 유지할 수 있지요. 이런 점을 생각하면 방사성 물질을 모아서 좁은 장소에 가둬 놓고 그 붕괴열을 냉각시키지 않은 채 그대로 내버려둘 경우 얼마나 엄청난 사태가 벌어질지 쉽게 상상할 수 있을 것입니다.

원자로를 구성하는 세 가지 요소 – ① 연료

지금까지의 이야기를 정리하면, 원자로를 가동시키기 위해서는 다음의 세 가지 요소가 중요합니다.

① 연료

② 감속재

③ 냉각재

첫 번째 요소인 연료의 경우, 너무나 당연한 말이지만 이것이 없으면 애초에 아무것도 만들어낼 수 없습니다. 핵분열 물질을 분열시킴으로써 에너지를 만들어내는 것이니

표6 원자로의 3요소 ①연료

우라늄	천연 우라늄(^{235}U: 0.7%)
	농축 우라늄(^{235}U: 3~5%)
플루토늄	MOX 연료

반드시 필요하지요.

앞에서 이상적인 핵분열 물질에 관해 설명해 드렸는데, 연료로 사용할 수 있는 것은 그리 많지 않습니다. 실질적으로 사용되고 있는 것은 우라늄-235와 플루토늄 정도이지요. 우라늄-235는 천연 자원이지만 광물(천연 우라늄) 속에 포함되어 있는 비율은 불과 0.7퍼센트밖에 안 됩니다. 나머지 99.3퍼센트는 보통 핵분열을 일으키지 않는 우라늄-238이지요(뒤에서 이야기하겠지만, 이것도 고속의 중성자를 충돌시키면 핵분열을 일으킵니다). 게다가 이 우라늄-238은 중성자를 잘 흡수하는 물질이기 때문에 뒤에서 이야기할 감속재 등의 조건을 잘 갖춰 놓지 않으면 천연 우라늄의 상태에서는 임계 상태를 만들어낼 수가 없습니다. 그래서 현재 대부분의 원자로는 농축시킨 연료를 사용합니다. 여기에서 말하는 농축은 우라늄 전체에서 우라늄-235의 농도를 높이는 것입니다. 일반적인 원자로의 경우 우라늄-235의 농도를 3~5퍼센트까지 농축시킨 연료로 운전을 시작하고, 우라늄-235가 소비되어서 농도가 1퍼센트 정도까지 떨어지면 연료를 교체합니다.

20퍼센트가 넘는 농도까지 농축시킨 것을 고농축 우라늄이라고 부릅니다. 군함용 원자로의 경우 연료 교체 횟수를 줄이기 위해 이 고농축 우라늄을 사용하지요. 최근의 미국 항공모함에는 90퍼센트가 넘는 농도의 연료가 사용된다고 합니다. 이 정도 농도라면 군함이 수명을 다해서 퇴역할 때까지 딱 한 번만 연료를 교체하면 될 것입니다. 앞으로 이야기하겠지만, 90퍼센트 이상은 핵무기 수준의 높은 농도입니다.

우라늄의 농축에 관해서는 제4장에서 자세히 설명하겠습니다.

연료로 사용되는 또 다른 물질은 플루토늄인데, 원자로의 경우 플루토늄을 단독으로 사용하는 일은 없고 우라늄과 섞어서 사용합니다. 이것을 MOX Mixed Oxide 연료, 우리말로는 혼합 산화물 연료라고 부르지요. 또한 우라늄만을 연료로 사용하는 원자로의 경우도 뒤에서 이야기할 텐데 그 대부분을 차지하는 우라늄-238이 중성자를 흡수함으로써 플루토늄-239가 되고 그 플루토늄-239가 핵분열 반응

그림26 우라늄 농축

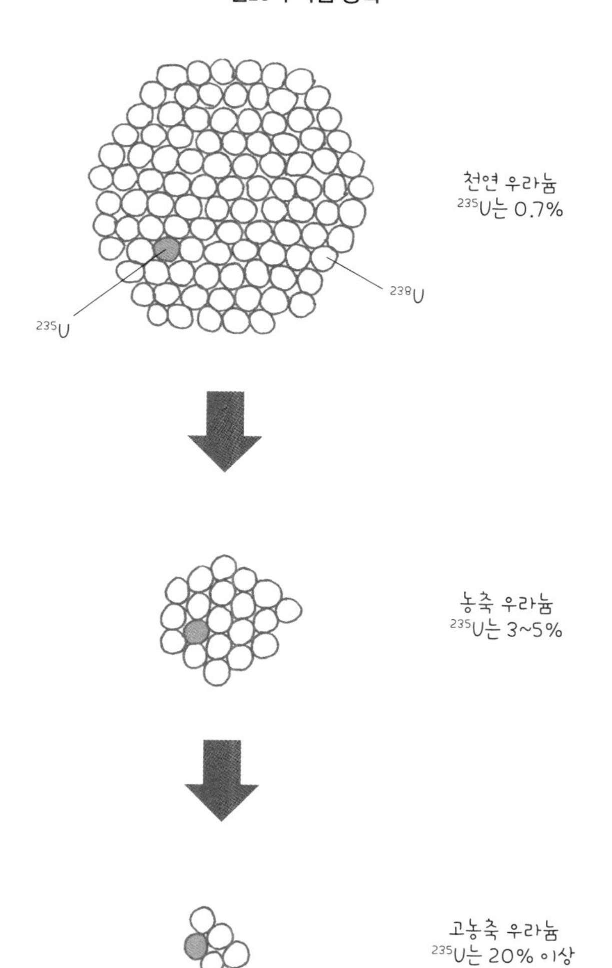

을 일으켜서 원자로의 출력을 일부 담당하기 때문에 중간 부터는 서서히 혼합 연료나 다름없어집니다.

원자로를 구성하는 세 가지 요소 - ② 감속재

원자로의 3요소 중 두 번째는 감속재입니다. 아까도 말씀드렸듯이 핵분열 반응을 효율적으로 일으키려면 중성자를 감속시켜야 하는데, 중성자를 감속시키는 재료로서 적합한 것은 주로 세 가지입니다(표7).

첫째는 경수輕水입니다. 여러분이 평상시에 사용하는 평범한 물이지요. 감속시키는 능력은 이 세 가지 중에서 물이 최고입니다만, 물은 중성자를 흡수해 버립니다. 이것이 무슨 뜻인지 조금 자세히 설명 드리겠습니다.

여러분은 당구를 치시나요? 저는 학부생 시절에 자주 쳤습니다. 당구에서 제가 친 수구를 멈추고 싶을 경우, 그

표7 원자로의 3요소 ②감속재

경수(물)	감속재로서는 가장 좋음 그러나 중성자를 흡수해 버림	→ 농축 우라늄 필요
중수	중성자를 잘 흡수하지 않음 그러나 값이 비쌈	→ 천연 우라늄 사용 가능
흑연	냉각재(물 또는 가스)가 별도로 필요	→ 천연 우라늄 사용 가능

러니까 스톱샷을 생각해 봅시다. 정지한 목적구에 대해 수구를 회전시키지 않고 정면으로 때리면 수구는 멈추고 목적구가 움직이기 시작합니다. 이상적인 샷이었다면 수구는 완전히 정지하지요. 이것은 수구와 목적구의 질량이 똑같기 때문에 일어나는 현상인데, 고등학교에서 배운 물리학을 지금도 기억하는 분은 쉽게 이해할 수 있을 것입니다.

이번에는 쿠션(벽)에 수구를 맞혔을 경우를 생각해 보겠습니다. 쿠션은 부드러운 재질로 만들어져 있어서 충돌했을 때 에너지를 어느 정도 흡수합니다만, 이상적으로는 속도가 변하지 않고 튕겨 나옵니다. 쿠션과 목적구는 무엇이 다르기에 이런 차이가 생길까요? 바로 충돌한 상대의 크기입니다. 쿠션은 당구대의 일부이고 당구대는 바닥에 고정되어 있는 까닭에 수구는 자신과는 비교도 안 될 만큼 거대한 상대와 충돌한 셈이 됩니다. 이 경우 수구는 감속하지

그림27 당구대 위의 물리학

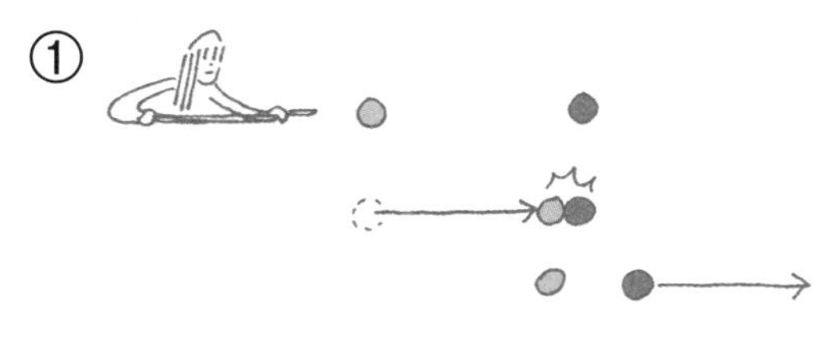

수구와 목적구가 같은 질량
→ 수구는 정지한다

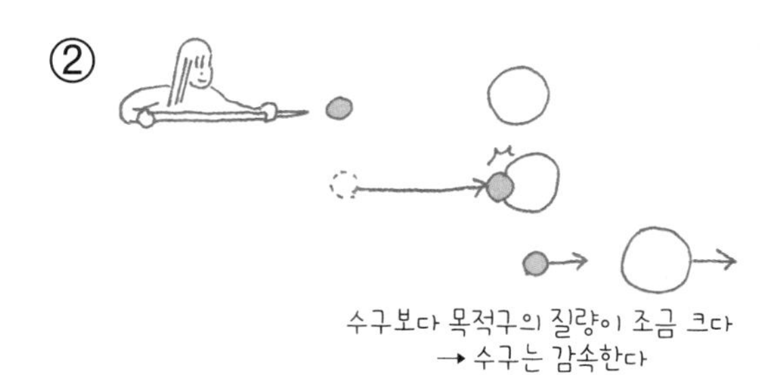

수구보다 목적구의 질량이 조금 크다
→ 수구는 감속한다

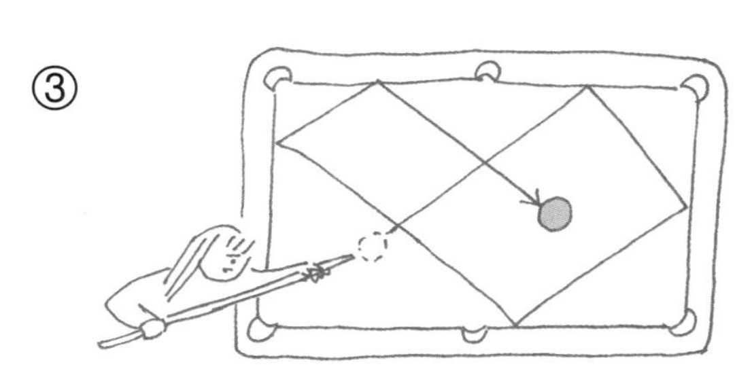

표적이 너무 커서 맞아도 꿈쩍하지 않는다
→ 수구는 감속하지 않는다

않습니다.

수구를 중성자, 목적구 또는 쿠션을 감속재로 바꿔서 생각해도 똑같습니다. 중성자와 질량이 같은 원자핵일 때 감속 효과가 가장 높고, 원자핵이 중성자보다 클수록 감속 효과는 약해지지요. 처음에 말씀드렸듯이 가장 작은 원자핵은 양성자 한 개로 구성된 수소의 원자핵입니다. 양성자와 중성자의 질량은 거의 같다는 이야기도 했으니까 수소는 가장 감속 효과가 높은 감속재라고 할 수 있지요. 그래서 다른 것은 일단 제쳐 놓고 감속 효과만을 고려한다면 최고의 감속재는 액체 수소입니다. 수소는 상온에서 기체로 존재하는데, 기체는 밀도가 낮기 때문에 냉각시켜서 액체로 만들어야 합니다. 실제로 제가 근무하는 J-PARC에서는 중성자 빔의 감속재로 액체 수소도 사용하고 있습니다.

다만 액체 수소는 극저온까지 냉각해야 하는데다 가연성이기까지 해서 다루기가 어렵고, 핵분열 반응에 사용하는 중성자는 그 정도까지 감속시킬 필요가 없습니다. 그래서 물을 대신 사용하지요. H_2O라는 분자식처럼 수소 원자 두 개와 산소 원자 한 개로 구성되어 있는 물은 산소가 섞여 있기는 해도 수소가 충분히 많은 우수한 감속재입니다. 그리고 뒤에서 다시 말씀드리겠지만 냉각재도 겸할 수 있습

표8 가벼운 원소의 열중성자 흡수 단면적

[$\times 10^{-31}m^2$]

수소	332
중수소	0.550
헬륨	0.0000000740
리튬	44.9
베릴륨	8.49
붕소	104
흑연(탄소)	3.86
질소	74.7

니다. 그래서 원자로의 감속재로 가장 널리 이용되고 있습니다.

그런데 지금까지는 감속 효과만을 생각했지만 현실적으로는 중성자 흡수 문제도 고려해야 합니다. 기껏 핵분열을 통해서 중성자가 생겨났는데 감속재에 잔뜩 흡수되어 버리면 효율적으로 연쇄 반응을 일으킬 수가 없지요. 그런 점에서 바라보면 중성자를 잘 흡수하는 수소는 좋은 감속재라고 말할 수가 없습니다.

수소가 중성자를 흡수하면 이것도 앞에서 말씀드렸던 수소의 동위 원소 중 하나인 중수소(듀테리움)가 됩니다. 중수소는 이미 중성자를 흡수한 상태인 까닭에 중성자를 더 흡수할 확률은 낮아집니다. 표8은 가벼운 원소가 열중성자를 흡수할 확률을 정리한 것인데JAEA Nuclear Data Center, 중수소는 수소에 비해 중성자를 흡수할 확률이 훨씬 낮음을 알 수 있습니다.

'중성자를 흡수할 확률이 낮은' 까닭에 중수소와 산소의 화합물인 중수重水를 감속재로 사용한 원자로는 물(중수와 구분하기 위해 경수라고 부릅니다)을 사용했을 때보다 쉽게 임계 상태에 도달합니다. 그래서 경수를 감속재로 사용한 원자로(경수로라고 부릅니다)의 경우는 우라늄 원료를 농축시킬 필요가 있지만 중수를 사용한 원자로(중수로라고 부릅니다)의 경우는 농축시키지 않은 천연 우라늄을 연료로 사용할 수 있지요.

중수는 일반적인 물에도 극히 일부가 포함되어 있어서 이것을 농축·추출해 모으는데, 이 공정에 비용이 많이 들어가는 탓에 경수에 비해 상당히 값비싼 재료입니다. 그래서 연료의 가격을 낮추거나 감속재의 가격을 낮추는 등의 방안을 검토할 필요도 있지요. 또한 비용 문제뿐만 아니라 이 '중성자를 흡수할 확률의 차이'가 경수로와 중수로에 결정적인 차이를 만들어내는데, 이에 관해서는 뒤에서 플루토늄의 생산에 관해 설명할 때 다루도록 하겠습니다.

감속재라는 측면에서 바라본 물과 흑연의 좋은 점과 안 좋은 점

표8을 다시 한번 보시기 바랍니다. 헬륨은 매우 안정적이어서 중성자를 흡수할 확률도 극단적으로 낮습니다만, 밀도를 높이려면(액체로 만들려면) 극저온으로 만들 필요가 있습니다. 리튬부터 흑연(탄소)까지는 고체인데, 이중에서 중성자를 잘 흡수하지 않는 것은 베릴륨과 흑연입니다. 베릴륨은 값도 비싼데다가 다루기 어려운 재료이지만 흑연은 베릴륨에 비하면 값도 싸고 다루기가 쉽습니다. 요컨대 감속재로서 대량으로 사용하기에는 흑연이 적합하지요. 이런 이유에서 흑연은 경수나 중수와 어깨를 나란히 하는 대표적인 감속재로 이용되고 있습니다. 여담이지만, 체르노빌

원자력 발전소에서도 흑연을 감속재로 사용했습니다.

그런데 물은 그 자체가 냉각재의 역할도 하지만 흑연은 냉각재가 될 수 없습니다. 그래서 냉각재를 별도로 준비해야 하지요. 또한 흑연을 감속재로 사용할 때의 이점은 중수와 마찬가지로 중성자를 잘 흡수하지 않는 까닭에 농축시키지 않은 천연 우라늄을 사용해서 운전할 수 있다는 것인데, 그래서 역시 중수와 마찬가지로 플루토늄의 생산과도 관련이 있습니다.

원자로를 구성하는 세 가지 요소 – ③ 냉각재

냉각재는 그 이름처럼 냉각을 담당하는 재료입니다. 냉각한다는 것은 열을 빼앗는 것으로, 핵연료에서 빼앗은 열에너지를 원자로 밖으로 빼내는 것이 냉각재의 역할입니다. 빼낸 열에너지를 이용해서 발전을 하고, 군함용 원자로의 경우는 직접 추진 동력으로 이용하기도 하지요.

가장 일반적인 냉각재는 물입니다. 물은 원자로뿐만 아니라 자동차의 엔진이나 인간의 몸에 이르기까지 다양한 곳에서 냉각할 때 사용되고 있지요. 자동차의 냉각수나 땀은 이 열을 버릴 뿐이지만, 원자로의 경우는 이 열에너지를 빼내서 이용하는 것이 핵심입니다. 여기서 이 부분에 대해 자세히 말씀드리지는 않겠습니다만, 냉각재가 물일 경우 그 물을 직접 끓이거나(비등수형 원자로) 2단계에 걸쳐서 물을 끓여서(가압수형 원자로) 수증기를 만들고 그 수증기로 터빈을 회전시켜서 발전기를 돌리거나 배의 프로펠러를 회전시킵니다.

물 이외에 기체를 냉각재로 이용하는 경우도 있습니다. 자동차의 엔진과 마찬가지로 수랭식과 공랭식이 있지요. 액체와 기체는 밀도가 크게 다르기 때문에 빼앗을 수 있는 열에너지도 액체가 더 큽니다. 한편 기체는 액체보다 순환 속도를 높일 수 있지만(즉, 같은 시간 동안 열원에 접촉할 수 있는 부피를 늘릴 수 있지만), 이것을 감안해도 냉각 능력은 액체가 더 우월합니다. 그래서 대부분의 원자로에는 물이 냉각재로 사용되고 있습니다.

그런데 물보다 냉각 효과가 높은 것이 있습니다. 바로 액체 금속입니다. 가령 추위로 얼어붙은 방을 생각해 보십시오. 일본은 고온다습한 나라라 상상이 어려울지도 모르겠습니다만, 추운 나라에서는 겨울철 아침에 일어나 거실로 나가 보면 영하로 얼어붙어 있는 경우가 종종 있습니다. 한밤중에 난방을 하지 않고 방치한 거실에서 물과 금속을 만졌을 때 우리는 어느 쪽을 더 차갑게 느낄까요? 아마도 대부분은 금속을 더 차갑게 느낄 것입니다. 밤새 난방을 하지 않았다면 물과 금속 모두 거의 같은 온도가 되었을 터인데 말이지요. 그럼에도 우리는 금속을 더 차갑다고 느낍니다. 구체적으로 말하면 섭씨 0도의 물(얼음)과 섭씨 0도의 금속은 같은 온도이지만 금속이 더 차갑게 느껴지는데, 그 이유는 우리의 '차갑다'라는 감각이 온도를 느끼는 것이 아니라 접촉한 부분에서 빼앗기는 열의 양에 따라서 만들어지는 것이기 때문입니다. 요컨대 물보다 금속이 열을 더 급속하게 빼앗는다는 뜻이지요. 이는 금속이 훨씬 열전도가 잘되기 때문입니다. 금속은 접촉한 면에서 빼앗은 열을 부지런히 후방으로 운반해 주는 것입니다.

이처럼 금속의 냉각 능력이 뛰어나다 보니 원자로의 냉각재로 이용하려고 생각하는 것도 당연한 일이라고 할 수 있습니다. 금속은 수은을 제외하면 상온에서 고체이지만, 원자로에서 열에너지를 뽑아내려면 액체여야 합니다. 그래서 원자로 가동 중의 온도에서는 액체 상태가 될 만큼 녹는점이 낮은 금속을 이용합니다. 소듐(나트륨)과 납·비스무트 합금이 대표적이지요. 다만 원자로를 가동하기 시작할 때는 냉각재를 포함해 모든 것이 상온일 수밖에 없기 때문에 먼저 냉각재를 예열해서 액체로 만들어 줘야 합니다. 그리

표9 원자로의 3요소 ③냉각재

기체	이산화탄소	흑연로에 사용된다 열 교환 능력은 낮다
	헬륨	현재 연구 · 개발 중
액체	물	가장 일반적 감속재와 겸용 가능 열 교환 능력은 높다
	금속	고속로에 사용된다 열 교환 능력은 최고
	소듐	물처럼 다룰 수 있지만 발화성이 있다
	납 · 비스무트 합금	발화성은 없지만 부식성이 있다

고 원자로가 안정적으로 가동되면 그 열에너지를 이용해서 냉각재를 액체 상태로 유지하지요. 또한 끓는점이 높은 까닭에 상당한 온도까지 안정적으로 액체 상태를 유지하는 것도 특징입니다.

액체 금속 냉각재는 높은 냉각 능력 이외에 또 한 가지 중요한 특징을 지니고 있습니다. 그것은 중성자를 감속시키는 효과가 낮다는 것입니다. 감속재를 이야기할 때 말씀드렸듯이, 금속은 물에 비해 원자핵이 훨씬 크기 때문에 감속 효과가 낮습니다. 원자로에서 사용하는 것이니 감속 효과가 높은 편이 좋지 않으냐고 생각할 수도 있지만, 원자로 중에서도 고속로라고 하는 중성자를 고속인 상태로 이용하는 특수한 원자로에서는 이 '감속 효과가 낮다'는 것이 이점이기 때문에 소듐을 감속재로 사용합니다.

소듐은 밀도가 물과 거의 같고 액체 상태에서의 점도가 물보다 낮은 까닭에 펌프 등을 포함하는 순환 시스템을 설계할 때 물과 똑같이 취급하면서 설계할 수 있다는 것도 이점입니다. 물 순환 시스템은 인류가 지금까지 지겨울 정도로 만들어 왔기에 노하우가 썩어날 만큼 축적되어 있기 때문입니다.

다만 긍정적인 측면이 있으면 부정적인 측면도 있기 마련입니다. 소듐의 가장 큰 문제점은 반응성이 높다는 것입니다. 소듐은 알칼리 금속이기 때문에 이를테면 물에 닿기만 해도 격렬하게 반응합니다. 그런데 물이라는 것은 수증기를 비롯해서 여기저기에 있기 때문에 문제이지요. 그래서 소듐은 다루기가 매우 어렵고, 순환 시스템에서 절대 새어 나오지 않도록 각별한 주의를 기울여야 합니다. 안 그러면 고속 증식로 몬주에서 발생했던 소듐 누출 사고(1995년) 같은 사태가 발생할 수 있지요.

소듐 이외에는 납·비스무트 합금이 있습니다. 이쪽은 소듐과 대조적으로 중금속 냉각재인데, 소듐처럼 반응성이 높지는 않지만 부식성이 높아서 역시 다루기가 어렵습니다.

과거에 소비에트연방 해군은 납·비스무트 합금을 냉각재로 사용하는 원자로를 탑재한 잠수함을 건조한 적이 있습니다. 프로젝트 645형과 프로젝트 705형의 다목적 원자력 잠수함입니다. 그런데 이들 잠수함의 원자로에서 사고가 다발했기 때문에 결국 현재는 러시아 해군이 보유한 모든 원자력 잠수함이 경수로를 사용하고 있습니다. 미 해군도 액체 금속 냉각식 원자로를 탑재한 잠수함을 한 척 건조했지만(SSN-575) 이쪽 역시 후계함은 건조되지 않았고, 이후로는 전부 경수로를 사용하고 있습니다.

236U
2H

제4장

핵연료

원자로는 3요소로 구성되지만 핵무기는 1요소뿐

이 장에서는 이 책의 주제인 핵무기 이야기로 돌아가겠습니다. 먼저 핵분열 반응을 이용하는 핵무기인 원자 폭탄부터 살펴보지요.

원자로는 연료, 감속재, 냉각재의 3요소로 구성되어 있지만, 원자 폭탄의 경우는 감속재와 냉각재가 필요 없습니다. 폭탄이므로 냉각을 시킬 필요가 없다는 것은 쉽게 이해할 수 있는데, 감속재도 필요 없는 이유는 원자로처럼 제어하면서 천천히 반응을 시키는 것이 아니라 일순간에 반응을 시키는 것이 목적이기 때문이지요. 말하자면 의도적으로 폭주시키는 것입니다.

그런데 참 아이러니한 것이, 원자로를 개발할 때는 폭주하는 일이 없도록 이런저런 궁리를 짜내지만 막상 의도적으로 폭주를 시키려고 하면 이게 또 그렇게 간단하지가 않습니다. 원자 폭탄의 경우는 일순간에 초임계 상태를 만들어내야 합니다. 이를 위해 중성자가 순식간에 연료 속을 빠져나가도록 만드는데, 이미 말씀드렸듯이 그런 고속의 중성자는 핵분열을 잘 일으키지 않습니다. 이런 불리한 조건 속에서도 단번에 핵분열을 일으키도록 만들어야 하는 것이지요. 그래서 몇 가지 궁리를 합니다.

먼저, 연료의 밀도를 높입니다. 원자로에 사용하는 낮은 농도의 연료가 아니라 가령 우라늄이라면 90퍼센트 이상이 우라늄-235로 구성된 고농축 우라늄을 연료로 사용합니다. 그리고 양도 중요합니다. 연료의 양이 적으면 중성자는 순식간에 연료 밖으로 나가 버리기 때문에 연쇄 반응이 일어나지 않습니다. 임계 상태에 도달하려면 일정 수준 이상의 양이 필요한 것이지요.

탬퍼로 다진다

그리고 중성자를 반사시키는 반사재로 연료의 주위를 뒤덮습니다. 마치 전체가 거울로 둘러싸인 방처럼 중성자가 끊임없이 반사재에 반사되게 함으로써 연료를 수없이 통과하도록 만드는 것이지요. 낮은 반응 확률을 많은 횟수로 메우자는 발상입니다. 당구를 예로 들어서 설명 드렸듯이 큰 원자핵일수록 반사가 잘 되는데, 천연의 원소 중에서 원자핵이 가장 큰 것은 우라늄이기 때문에 우라늄으로 반사재를 만들 때가 많습니다. 그리고 이 반사재를 탬퍼Tamper라고 부릅니다. 그러고 보면 우리 주변에도 탬퍼가 있지요. 에스프레소 머신에 커피 가루를 넣고 다지는 도구도 탬퍼라고 부르고, 도로 포장을 할 때 노면을 다지는 기계도 탬퍼라고 부릅니다. 농밀한 커피를 추출하기 위해 탬퍼로 커피 가루를 다지듯이 농밀한 핵분열 반응을 일으키기 위해 탬퍼로 연료를 다지는 것이지요.

그리고 형상에도 신경을 씁니다. 최대한 중성자가 빠져나가지 않고 연료 안에 갇혀 있게 하려면 빠져나갈 장소, 즉 표면을 가급적 작게 만들어야 합니다. 같은 부피일 때 표면적이 가장 작은 형상은 무엇일까요? 바로 구球입니다. 저희 연구실 부지에는 고양이가 사는데, 이놈은 더운 여름에는 콘크리트 위에 큰 대자로 뻗어서 표면적을 크게 함으로써 열을 내보내고 추운 겨울에는 몸을 둥글게 말아서 표면적을 작게 함으로써 열이 빠져나가지 않게 하더군요. 형상을 바꿈으로써 표면적을 크거나 작게 만들어 교묘하게 열의 출입을 조절하는 것이지요. 원자 폭탄도 연료 부분을 구형으로 만듦으로써 중성자가 밖으로 빠져나가는 양을 최소화합니다. 또한 핵분열 반응이 이어지는 동안에는 계속 구의 형상을 유지하는 것이 바람직합니다. 도중에 형상이 망가지는 것은 좋지 않습니다.

이처럼 원자 폭탄의 경우는 주된 요소가 핵연료 하나뿐이기 때문에 이 부분에 역량을 최대한 집중하지요. 참고로

다진다

탬퍼

표면적을 크게 만들어서
열을 내보낸다

이 핵연료 부분을 코어라고 부릅니다. 그리고 이렇게 밀도(농도)와 형상, 탬퍼 등의 다양한 조건을 부여했을 때 임계 상태에 도달하는 최소한의 핵연료 물질의 양을 임계량이라고 합니다. 어떤 조건에서 임계량이 얼마인지는 기밀 중의 기밀입니다만, 원자 폭탄 코어의 경우 우라늄-235가 수십 킬로그램, 플루토늄-239가 수 킬로그램으로 알려져 있습니다.

어느 실험의 풍경

당연한 말이지만, 임계량이 얼마인지 알기 위해서는 실험을 해야 합니다. 그림28은 미국이 핵 개발 초기 단계에 임계 조건을 조사하기 위해 실시했던 실험의 사진입니다. 중앙에 있는 구가 플루토늄 코어이고, 주위의 블록이 탬퍼입니다. 이 탬퍼를 하나씩 추가하면서 중성자 측정기로 반응을 조사해 임계 상태가 되는 조건을 살핍니다. 이런 실험 없이 고생고생해서 정제한 코어를 다짜고짜 폭발시켜서 실험할 수는 없는 노릇이지요.

임계 조건의 실험과 관련한 사진이 한 장 더 있습니다(그림29). 일본인은 실험을 할 때나 공장에서 일할 때 전용 작업복으로 갈아입습니다. 그런 작업을 하다 보면 옷이 더러워질 수밖에 없으니까요. 그런데 미국인은 약품 제조나 정밀 기계 제조 같이 반드시 작업복이 필요한 현장이 아닌 이상 출근할 때 입었던 사복 차림 그대로 일하는 경우가 많은 모양입니다. 청바지를 입은 채로 공장에서 일을 한다니, 일본에서는 상상하기 어려운 일이지요. 더러워져도 상관없는 작업복을 입는 편이 작업하기도 편할 텐데 조금 신기한 생각도 듭니다. 이 사진에 찍힌 실험원도 평소의 사복을 입고 실험을 했습니다.

충격적인 점은 그것만이 아닙니다. 사진을 잘 보십시오. 맨손으로 플루토늄 코어를 만지고 있습니다. 장갑도 안 끼고 말이지요. 게다가 유심히 살펴보면 오른손에 스크루드

그림28 반사재와 임계량의 실험

그림29 놀라운 실험 풍경

라이버를 쥐고 있는 것을 발견할 수 있습니다. 이 사람이 대체 무엇을 하고 있는가 하면, 플루토늄 코어에 대해 사진처럼 돔 모양의 탬퍼를 가까이 가져갔다가 멀리 떨어뜨렸다 하면서 코어의 상태를 조사해 임계 조건을 알아내려 하고 있습니다. 그런데 세상에나, 스크루드라이버로 코어를 지탱하면서 그 작업을 하고 있습니다! 자기 자신에 대한 방호도 일체 하지 않고 말이지요! 이게 대체 무슨 안전의식인지!

실제로 이 실험에서는 탬퍼가 스크루드라이버에서 미끄러져 떨어지는 바람에 코어에 쏙 끼워졌고, 그 결과 코어는 임계 상태에 도달하고 말았습니다. 임계 사고라고 부르는 사고가 일어난 것이지요. 실험원은 이때 발생한 중성자를 쬐고 결국 사망했습니다(1946년 5월 21일, 그림29는 재현 사진).

사실 이 실험에 사용된 코어는 앞에서 보여드렸던 탬퍼 블록을 쌓는 실험에도 사용되었는데, 그때도 작업 미스에 따른 사고로 사망자가 발생했었습니다(1945년 8월 21일, 그림 28도 재현 사진). 두 명의 목숨을 앗아간 것이지요. 그래서 이 코어를 데몬 코어라고 부르게 되었습니다. 현재는 이런 식으로 다루는 것이 절대 허용되지 않지만, 당시는 안전성에 대한 의식이 매우 낮았던 탓에 이런 사고가 일어난 것입니다(당연하지만 당시에도 문제를 제기한 사람은 있었습니다).

폴로늄 재등장

그림30은 원자 폭탄의 개념도입니다. 가장 바람직한 구면 대칭의 형태로 그려져 있지요. 제일 중심에 기폭 장치인 이니시에이터, 그 바깥쪽에 코어, 그리고 코어를 뒤덮듯이 탬퍼가 있습니다.

이니시에이터에 관해서는 원자로를 설명할 때 이름만 소개한 적이 있었지요. 핵분열을 개시하기 위해 제일 처음 할 일은 중성자를 방출하는 것이었습니다(103페이지 그림23). 원자 폭탄에 이니시에이터로 사용되는 것은 폴로늄-210입니다. 네, 앞에서 깔아 놓았던 복선을 드디어 회수하네요. 폴로늄-210은 알파선이라는 방사선을 방출한다고 말씀드

그림30 원자 폭탄의 개념도

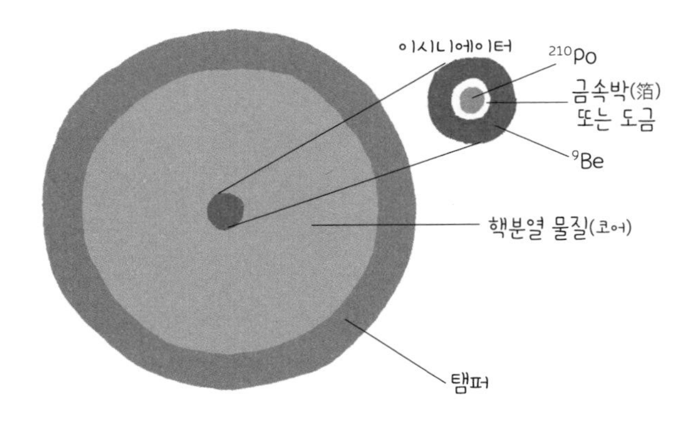

렸는데(46페이지), 알파선은 바로 헬륨의 원자핵 자체입니다.

$$^{210}Po \rightarrow {}^{206}Pb + {}^{4}He(\text{알파선})$$

이 알파선이 베릴륨이라는 금속의 원자핵에 흡수되면 베릴륨은 탄소로 바뀌고, 이때 잉여 중성자를 방출합니다. 패밀리레스토랑의 좌석이 부족해서 쫓겨난 불쌍한 친구이지요.

$$^{9}Be + {}^{4}He \rightarrow {}^{12}C + n(\text{중성자})$$

그림31 이니시에이터 기동!

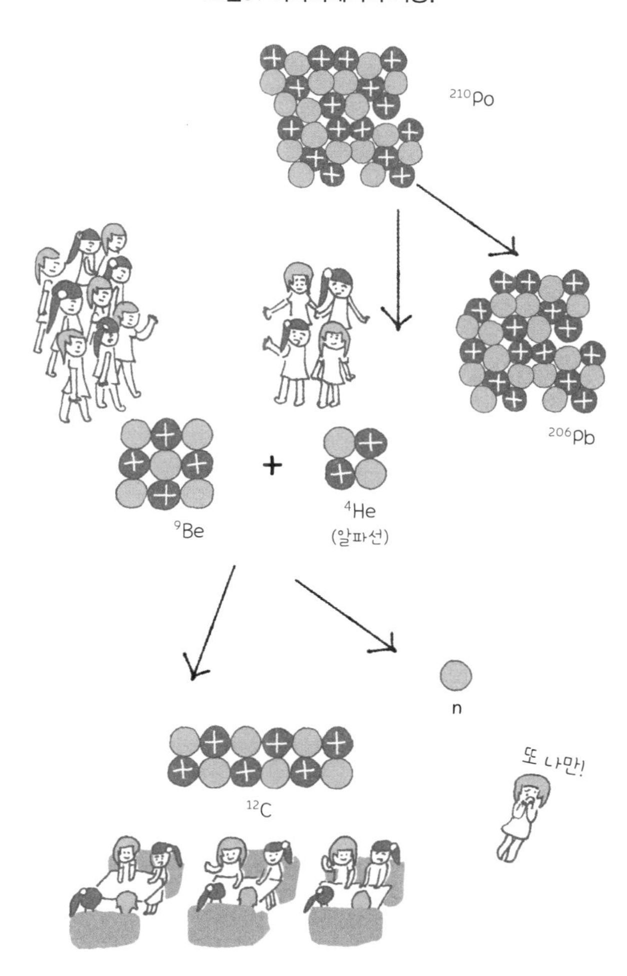

요컨대 폴로늄-210과 베릴륨을 함께 두기만 해도 중성자가 방출되는 것인데, 이때 알파선의 특징이 활용됩니다. 앞에서도 말씀드렸듯이 알파선은 비거리가 극단적으로 짧습니다. 폴로늄-210이 방출하는 알파선의 경우 수중에서 40마이크로미터 정도, 금속 속에서 수~수십 마이크로미터 정도(금속의 종류에 따라 다릅니다), 거칠 것이 없어 보이는 공기 속에서조차 4센티미터 정도밖에 날지 못하지요. 그래서 폴로늄과 베릴륨을 이 비거리 바깥쪽, 가령 공기 속에서 4센티미터 이상 떨어뜨려 놓는다든가 그 사이에 아주 얇은 금속판을 두기만 해도 알파선을 차폐할 수 있어 중성자의 발생을 멈출 수가 있습니다. 그리고 폭발시키고자 하는 타이밍에 가까이 가져가거나 금속판을 깨기만 하면 중성자가 발생해 폭발을 일으키는 것이지요. 원자 폭탄의 기폭에는 이 방법이 사용됩니다.

여담이지만, 베릴륨은 매우 가벼운 금속인 동시에 강도가 높아서 항공기나 레이싱 카 등의 엔진 또는 브레이크에 사용되기도 합니다. 매우 가볍고 튼튼한 물건을 만들 수 있는 반면에 독성이 너무 강한 탓에 최근에는 F-1에서도 사용이 금지되었습니다. 또한 구리에 베릴륨을 더한 합금(베릴륨동)은 불꽃을 내지 않는다는 특성이 있어서 석유나 가연성 가스 시설 등 폭발의 우려가 있는 시설에서 사용하는 공구(방폭 공구)의 재료로 널리 사용되고 있습니다.

우라늄의 농축

다음에는 코어에 관해 생각해 보겠습니다. 이미 여러 번 말씀을 드렸듯이, 코어로 적합한 재료는 우라늄-235와 플루토늄입니다. 그리고 이것을 100퍼센트에 가까운 고순도로 만들 필요가 있습니다. 먼저 고순도의 우라늄-235를 손에 넣기 위한 방법을 생각해 보도록 하지요.

이미 말씀드렸듯이 천연의 우라늄에는 우라늄-235가 고작 0.7퍼센트밖에 포함되어 있지 않습니다. 나머지 99.3퍼센트는 우라늄-238이지요. 여기에서 우라늄-235만을 뽑아냅니다. 만약 이 둘의 원소가 다르다면, 즉 화학적 성질이 다르다면 분리하기는 쉽습니다. 그런데 이 둘은 동위 원소여서 화학적 성질이 같기 때문에 분리하기가 매우 어렵습니다.

분리 방법을 크게 세 가지로 분류해 봤습니다.

A 기화시켜서 분자 운동의 차이를 이용한다

B 이온화한다

C 그래도 역시 화학적으로 분리시킨다

먼저 방법 A부터 생각해 보겠습니다. 우라늄-235와 우라늄-238이 무엇이 다른지 생각했을 때 제일 먼저 떠오르는 것은 이 숫자 부분, 그러니까 질량수일 것입니다. 질량수는 문자 그대로 질량을 나타내므로 이 두 동위 원소는 질량이 다릅니다. 질량이 다르다는 말은 기화시켜서 자유롭게 날아다니도록 만들면 그 날아다니는 움직임, 운동 방식에 차이가 있다는 뜻이지요. 질량의 차이가 238분의 3에 불과하기 때문에 속도로 환산하면 고작 0.6퍼센트밖에 차이가 안 납니다만, 그래도 차이는 차이입니다.

그런데 기화시킨다고는 했지만 우라늄의 끓는점은 섭씨 4,000도입니다. 우라늄을 농축하는 설비 전체를 이 온도로 유지하는 것은 도저히 현실적이지 못하지요. 그래서 우라늄 화합물 가운데 끓는점이 낮은 것을 고릅니다. 가령 육불화 우라늄은 끓는점이 섭씨 57도밖에 안 되기 때문에 이 방법을 사용하기가 훨씬 쉬워지지요. 그래서 먼저 우라늄을 불소와 화합시켜서 육불화 우라늄을 만들고 이것을 기화시키는 것부터 시작합니다.

기화시킨 육불화 우라늄에서 우라늄-235인 것과 우라늄-238인 것의 분자 운동 차이를 이용해 분리하는데, 그 방법은 크게 세 가지로 나뉩니다.

A-1 가스 확산법

A-2 원심 분리법

A-3 공기 역학법

A-1
가스 확산법

첫 번째 방법은 가스 확산법입니다. 질그릇 같은 것을 준비하고 그 사이에 기화시킨 육불화 우라늄을 통과시킵니다. 그러면 육불화 우라늄이 질그릇에 수없이 뚫려 있는 아주 작은 구멍들(다공질이라고 부릅니다)을 통과하는데, 이때 분자 운동의 아주 작은 차이로 육불화 우라늄-238보다 육불화 우라늄-235가 지극히 약간이기는 하지만 쉽게 통과하지요. 이론적으로는 분자량 차이의 제곱근, 즉 육불화 우라늄-235의 분자량(235+19×6=349)과 육불화 우라늄-238의 분자량(238+19×6=352)의 비(352/349)의 제곱근인 1.004가 농축도가 됩니다. 다만 실제로는 1.003, 즉 0.3퍼센트밖에 농축이 안 되는데, 이것을 수없이 반복적으로 통과시킴으로써 농도를 조금씩 높여 나갑니다.

그러면 잠시 우라늄의 농축 작업을 체험해 보도록 하겠습니다. 먼저 스마트폰을 꺼내서 계산기를 실행해 보십시오. 그리고 '1.003'을 입력하십시오. 이것이 첫 번째 농축으로 달성된 농축도입니다. 그리고 여기에 '×', '1.003', '='를 입력하십시오. 1.006이 되었지요? 두 번째 농축 작업의 결과 0.6퍼센트로 농도가 상승했습니다.

그러면 지금부터 '='를 연속해서 누르십시오. 다만 몇 번을 눌렀는지는 기억해야 합니다. 점점 진해지지요? 98번을 연타해서 처음에 입력한 것까지 합쳐 100회 농축을 하면 1.35 정도가 될 것입니다. 이제 겨우 35퍼센트 정도 농축된 것인데, 천연 우라늄에서 시작하면 최초 농도가 0.7퍼센트이니까 이제 겨우 0.945퍼센트가 된 것입니다. 정신이 아득해지는 작업이지요.

질그릇을 수없이 통과시킬 때는 똑같은 질그릇을 사용하는 것이 아니라 질그릇 하나 분량을 1세트로 해서 이것을 염주 꿰듯이 연결시켜 연속으로 통과시킵니다. 이 설비를 캐스케이드Cascade라고 부르는데, 캐스케이드는 계단식 폭포를 의미합니다. 방금 한 계산대로라면 원자로용 연

료의 우라늄-235 농도(3퍼센트)를 달성하는 데만도 500단의 캐스케이드가 필요합니다. 500회씩 연타를 했다가는 손가락은 물론이고 스마트폰도 망가질 것 같은데 이 작업을 하는 것입니다. 하지만 단순하면서 실적도 높은 까닭에 이 방법은 지금도 사용되고 있습니다. 이 방법을 사용하는 주요 농축 플랜트로는 미국의 USEC United States Enrichment Corporation(합중국농축공사)와 유럽의 Eurodif가 있습니다.

A-2
원심 분리법

역시 기체의 분자 운동을 이용하지만 기체 확산법보다 조금은 할 만한 방법으로 고안된 것이 원심 분리법입니다. 원심력을 이용한 장치 중에서 여러분과 친숙한 것으로는 세탁기가 있습니다. 탈수를 할 때 세탁조를 회전시켜서 원심력으로 수분을 뽑아내지요. 그런 세탁조 같은 회전식 드럼을 떠올려 주십시오. 그 드럼에 육불화 우라늄의 가스를 넣으면 세탁물이 드럼의 바깥둘레에 달라붙는 것처럼 가스도 드럼의 바깥둘레를 향하는데, 이때 아주 약간 더 무거운 육불화 우라늄-238이 드럼 바깥둘레에 아주 조금이지만 더 모이게 됩니다. 반대로 말하면 드럼의 중심축 부근은

그림32 원심 분리법의 캐스케이드

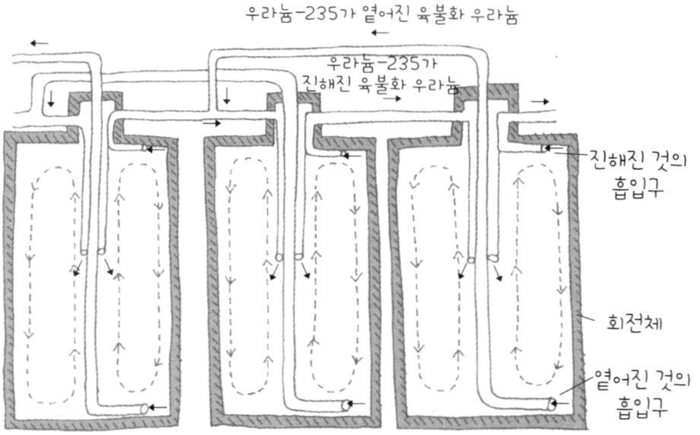

동력로·핵연료개발사업단 안내 책자 〈우라늄 농축〉(1997.5)을 바탕으로 작성

육불화 우라늄-235의 농도가 아주 약간 높아지지요. 이에 따른 농도의 차이도 아주 약간이지만, 그 아주 약간 농도가 진해진 중심축 부근의 가스를 빨아내서 다음 드럼에 넣습니다. 이렇게 캐스케이드식으로 서서히 농도를 높여 나가는 방법으로 농축을 실시하지요.

1회의 농축도는 드럼의 길이에 비례하며 드럼 바깥둘레 속도의 4제곱에 비례합니다. 다만 드럼의 길이가 길수록 드럼을 안정적으로 고속 회전시키기가 어려워지므로 다소 길이가 짧은 드럼이라도 좀 더 고속으로 회전시키는 쪽이 더 중요합니다.

이 방법은 가스 확산법에 비해 1회의 농축도가 높은 까닭에(설계가 훌륭하다면 1.4 정도) 캐스케이드의 단수를 수십분의 1에서 100분의 1 정도까지 줄일 수 있습니다. 드럼을 회전시키기 위한 동력이 필요함에도 농축 플랜트에서 소비하는 전력의 양이 한 자릿수는 적어진다고 하네요. 그래서 현재는 이 방법이 우라늄 농축의 주류가 되었습니다. 원심 분리법을 사용하는 주요 농축 플랜트로는 러시아의 TENEX(국영 원자력 공사의 자회사)와 유럽의 Urenco, 프랑스의 Areva 등이 있습니다.

이 원심 분리기의 구조는 최고 기밀로, IAEA International Atomic Energy Agency(국제 원자력 기구) 사찰단 같은 전문가들이 그 플랜트를 보면 어느 정도의 농축 능력이 있는지, 원자로용이 아니라 핵병기용인지(즉 고농축이 가능한지) 등을 전부 알 수 있습니다. 말 그대로 핵 개발의 심장부라고도 할 수 있지요.

이야기가 약간 샛길로 빠지지만, IAEA의 감시는 정말 철저합니다. 제가 일하는 J-PARC는 원자력연구개발기구 부지 내에 있다고 말씀을 드렸었는데, 이를테면 실험 장치의 부품 등 자잘한 물건을 수납하기 위해 이동식 창고를 하나 사야 한다고 가정해 보겠습니다. 그런데 시중에서 판매하는 평범한 이동식 창고 하나라도 부지 내에 두려면 IAEA에 신고해야 합니다. 만약 신고하지 않고 설치하면 인공위성 사진을 이용해 정기적으로 부지 내를 관찰하다 발견하고 해명을 요구하는 공문을 보내지요. 이처럼 IAEA는 사소한 것까지 철저하게 관리합니다.

A-3
공기 역학법

세 번째는 공기 역학법입니다. 복잡한 모양을 한 노즐 형상의 유로流路에 기체를 통과시켜서 분자 운동의 차이를 이용해 분리시키는 방법이지요. 아주 약간 무거운 육불화 우라늄-238이 무거운 만큼 잘 선회하지 못하는 점을 이용한 것입니다. 육불화 우라늄만 흐르게 하는 것이 아니라 헬륨 등 다른 기체 속에 육불화 우라늄을 혼합해서 흐르게 합니다.

B-1
전자기 농축법

분자 운동의 아주 작은 차이를 이용해서 조금씩 농축시키는 것이 아니라 이온화시켜서 단번에 분리시키려 하는 것이 B의 방법입니다. 이온화하는 방법은 다시 세 가지로 세분화됩니다.

B-1 전자기 농축법

B-2 레이저 원자법

B-3 레이저 분자법

첫 번째 전자기 농축법의 경우, 우라늄-235와 우라

늄-238 양쪽을 이온화합니다. 가열한 필라멘트에서 방출되는 전자를 육불화 우라늄의 기체에 조사해 원자 속의 전자를 튕겨냄으로써 육불화 우라늄을 이온으로 만들지요. 그런 다음 육불화 우라늄 이온을 전기장으로 가속시켜 빔 형태로 만들고 그 빔을 자기장 속에 통과시킵니다. 그러면 전기를 띤 이온은 힘을 받아서 휘어지지요. 학교에서 배웠던 플레밍의 왼손 법칙을 떠올리는 분도 계실지 모르겠습니다. 같은 전하에 같은 자기장이라면 받는 힘은 같으므로 가벼운 육불화 우라늄-235가 더 많이 휘어지고 무거운 육불화 우라늄-238이 덜 휘어지기 때문에 자기장을 통과한 뒤의 빔은 각각 다른 궤도를 그리게 됩니다. 그래서 각각의 궤도 끝에 포집 부분을 설치해 놓으면 앞에서 소개한 분자 운동의 차이를 이용하는 방법과는 비교도 할 수 없을 정도로 정확하게 분류할 수 있지요. 사실 이것은 질량 분석기라는 장치의 원리로, 저희 연구자들은 기체 성분을 분석할 때 사용하고 있습니다.

이 방법은 우라늄-235와 우라늄-238을 매우 엄밀하게 분리해낼 수 있지만 한편으로 커다란 문제가 있습니다. 이것은 저희 연구자들이 실험에 사용하는 가속기와 같은데, 가속기 시설은 거대한 설비와 방대한 전력이 필요한 것에 비해서는 원자의 수로 따졌을 때 극미량밖에 취급하지 못한다는 사실입니다. 가령 세계 최강의 가속기인 저희 J–PARC의 경우 이온원源으로 발생시키는 이온(J–PARC의 경우는 수소 이온입니다만)의 수가 1초당 10^{17}개입니다. 이것은 가속기로서는 상당한 수이지만, 한편으로 우라늄–235 1그램에 들어 있는 원자의 수는 10^{21}개입니다. 단위가 다름을 알 수 있지요. 그래서 이것은 굳이 따지자면 연구용 시료를 만들 때 적합한 방법이지 공업적으로 대량 생산하는 데는 적합하지 않은 방법입니다만, 맨해튼 계획(미국의 첫 원자 폭탄 개발 계획)에서 사용되었고 사담 후세인 정권기의 이라크에서도 사용된 바 있습니다.

B-2
레이저 원자법

같은 이온화 방법이라도 레이저법은 우라늄-235만을 선택적으로 이온화하는 까닭에 거의 완전한 분리가 가능해서 캐스케이드를 구축할 필요가 없습니다.

레이저 원자법은 우라늄을 기화시키고 그 기체에 레이저를 조사해서 우라늄-235만을 전리시켜 이온으로 만듭니다. 우라늄-238은 계속 원자인 채이므로 이 혼합 기체를 전기장 속에 통과시키면 이온화된 우라늄-235만이 궤도가 휘어지고 우라늄-238은 전기장에 반응하지 않고 직진하므로 분리가 가능해지지요. 이 방법의 핵심은 우라늄-235만을 선택적으로 이온화하고 우라늄-238은 이온화하지 않는 것입니다.

플라스마를 설명할 때 말씀드렸듯이, 전리를 시키려면 전자에 에너지를 줘야 합니다. 그것이 레이저의 에너지이고, 레이저의 에너지는 파장(혹은 주파수)에 따라서 결정되지요. 원래 전자가 지니고 있었던 에너지와 레이저가 준 에너지를 더했을 때 원자로부터 뛰쳐나갈 만큼의 에너지가 된다면 전리가 일어납니다.

그런데 우라늄-235와 우라늄-238의 전자의 에너지 준위는 거의 같습니다. 같은 원소이므로 같은 것이 당연하지요. 다만 거의 같기는 한데 동위 원소 편이라고 부르는 아주 미세한 차이가 있습니다. 예를 들면 592나노미터nm 부근에 우라늄의 전자를 흡수할 수 있는(에너지를 받아들일 수 있는) 빛의 파장이 있는데, 이것이 우라늄-235의 경우는 591.69나노미터이고 우라늄-238의 경우는 591.70나노미터입니다. 불과 0.01나노미터, 6만분의 1의 파장 차이지요! 정확하게 591.69나노미터의 파장이고 파장의 폭도 0.01나노미터까지 넓어져서는 안 된다는, 극도로 정밀도가 높고 예리한 레이저를 사용해야 합니다. 게다가 공업적으로 성립하려면 상당히 강도가 큰 레이저가 필요하지요.

이 파장의 빛을 흡수해도 우라늄-235의 전자는 전리되지 않습니다. 에너지가 높은 궤도로 전이될 뿐이지요. 그런 다음 다시 2단계로 나눠서 정확한 파장의 레이저를 조사해 에너지를 흡수시켜야 비로소 전리시킬 수 있습니다.

이런 고도의 기술이 필요하면서 복잡하고 많은 공을 들여야 하는 방법을 모색하는 나라는 일본뿐입니다. 일본은 이 지극히 실험실적인 수법을 공업적으로 채산이 맞는 시스템으로 진화시키고자 오랜 세월에 걸쳐 연구를 계속해 왔습니다(《레이저법 우라늄 농축의 현재 상황: 원자법과 분자법〉 나카이 요타中井洋太 외, 일본원자력학회지, 35, No.4, 280-291, (1993)).

B-3
레이저 분자법

레이저 분자법은 우라늄 화합물인 육불화 우라늄을 이온화하는 부분이 레이저 원자법과 다릅니다. 육불화 우라늄의 경우 동위 원소 편이가 0.02마이크로미터㎛나 되는 것도 있습니다. 앞에서 말씀드린 원자에 비해 훨씬 크지요. 이것을 이용한다면 육불화 우라늄-235만을 선택하기가 크게 용이해집니다.

레이저 원자법에서는 우라늄 원자를 이온화시켰지만, 레이저 분자법은 육불화 우라늄 속의 불소 원자 6개 가운데 한 개만을 전리시켜서 오불화 우라늄으로 만듭니다. 오불화 우라늄은 이 장치의 가동 온도 영역에서는 고체이므로 육불화 우라늄과 분리가 가능하지요. 그런데 동위 원소 편이 자체는 크지만 흡수 스펙트럼의 폭(전자가 에너지를 받아들일 수 있는 빛의 파장의 범위)도 넓기 때문에 육불화 우라늄이 기화하는 온도에서는 육불화 우라늄-235만을 선택적으로 해리解離시킬 수가 없습니다. 냉각하면 이 폭을 좁힐 수 있지만 그러면 기체가 아니게 되어 버리지요. 그래서 육불화 우라늄의 기체에 레이저를 조사하는 순간에만 과냉각이 일어나도록 만드는 등의 방법을 사용하지만, 레이저 원자법만큼 완전하게 우라늄-235와 우라늄-238을 분리하지는 못합니다.

레이저 분자법을 채용한 플랜트로는 최근 들어서 미국에 건설된 Global Laser Enrichment(GE-히타치 뉴클리어에너지의 자회사)가 있습니다.

C
화학법

마지막으로, 화학적으로 농축하는 방법에 관해서도 언급하고 넘어가도록 하겠습니다. 지금까지 소개한 방법은 물리학적인 농축 방법인 까닭에 실험실적인 방법을 우격다짐으로 플랜트화한 것이 많은데, 공업적인 정밀도라는 관점에서는 역시 화학적으로 농축하는 것이 기본이라고 생각할 수 있습니다.

본래 우라늄-235와 우라늄-238은 화학적 성질이 같습니다. 그러므로 화학 반응을 통해서 다른 화합물을 만든다는 가장 바람직한 형태의 화학적 분리는 불가능하지요. 결국은 물리학적 성질을 이용할 때처럼 '지극히 작은 차이'를 이용해서 '조금씩 진하게 만드는' 방법을 채택합니다.

먼저, 우라늄의 합성물을 물에 녹여서 수용액으로 만듭니다. 수용액 속의 우라늄 이온은 몇 가지가 있는데, 여기에서 주목하는 것은 U^{6+} 이온과 U^{4+} 이온입니다(각각 전자가 6개와 4개만큼 적어진 상태를 나타냅니다). 이때 우라늄-235는 우라늄-238보다 U^{6+} 이온이 될 확률이 아주 조금 높습니다. 요컨대 용액 속의 U^{6+} 이온 부분을 뽑아내면 아주 조금이지만 우라늄-235가 진해진다는 말이지요. U^{6+} 이온만을 뽑아내는 것은 유기 용매나 이온 교환 수지를 이용하면 화학적으로 가능합니다. 그리고 이것을 다시 수용액으로 만들어서 U^{6+} 이온 부분을 뽑아내기를 반복하는 것이지요.

이 방법에는 한 가지 장점이 있습니다. 고농축이 불가능하다는 장점이지요. 물론 이 책의 주제인 핵무기의 관점에서는 단점입니다만…. 이 방법에서는 우라늄을 수용액 속에서 다룹니다. 우라늄의 주위가 온통 물이라는 말이지요. 요컨대 감속재가 대량으로 있어서 임계 상태에 도달하기 위한 조건이 아주 좋기 때문에 너무 고농도가 되면 농축 작업 중에 임계 상태에 도달할 위험성이 있습니다. 그래서 핵무기로 이용할 수 있을 정도의 고농도에는 도달할 수가 없는데, 이런 이유에서 핵무기 전용을 방지하는 농축 기술로서 주목받고 있습니다.

지금까지 살펴봤듯이 우라늄을 농축하기 위해서는 엄청난 노력이 필요합니다. 현대의 기술로도 이 정도이니 최초로 원자 폭탄을 개발한 맨해튼 계획 당시의 어려움은 말로 표현하기 힘들 정도였겠지요. 그래서 맨해튼 계획에 참가한 과학자들은 우라늄을 농축하는 동시에 또 하나의 코어 재료인 플루토늄에도 주목했습니다. 플루토늄은 원자로를 가동함으로써 인공적으로 제조할 수 있으니까요. 다음에는 원자로를 통해서 어떻게 플루토늄을 만드는지 살펴보도록 하겠습니다.

플루토늄의 제조

폴로늄 이야기에 나왔던 알파선의 복선은 이니시에이터를 설명하면서 회수했으니, 이번에는 중성자를 이용한 연금술의 복선을 회수하도록 하겠습니다. 앞에서 비스무트가 중성자를 흡수해서 폴로늄으로 변한다는 이야기를 했는데(48페이지 그림13), 지금부터 이야기할 것은 플루토늄을 만들어내는 연금술입니다.

원자로 안에서 핵연료 속의 우라늄-235에 중성자가 흡수되어 핵분열을 일으킨다는 이야기를 했습니다만, 농축한 우라늄이라 해도 우라늄-235는 핵연료 속에 3~5퍼센트 정도밖에 들어 있지 않으며 대부분은 우라늄-238입니다. 우라늄−235와 우라늄−238을 비교했을 때 중성자와 반응하는 확률 자체는 우라늄−235가 압도적으로 높지만(우라늄−238의 60배 정도), 애초에 우라늄−238의 함유량이 훨씬 많기 때문에 그 비율을 곱하면 우라늄−238과 반응하는 중성자도 상당한 양이 됩니다. 우라늄−238과 반응한 중성자는 그 대부분이 튕겨 나오지만(그래서 반사재, 탬퍼로 사용됩니다) 일부는 흡수되어서 우라늄−238의 원자핵이 다른 원자핵으로 바뀌지요. 먼저 우라늄−239가 되고, 반감기인 24분 후에 넵투늄−239가 되고, 반감기인 2.4일 후에 플루토늄이 됩니다(여기에서 반감기란 일단 절반의 수가 그 변화를 일으키는 데 걸리는 시간이라고 생각해 주십시오).

우라늄−239에서 넵투늄−239로, 혹은 넵투늄−239에서 플루토늄−239로 바뀌는 변화를 베타 붕괴라고 부릅니다. 이것은 중성자가 너무 많아 불안정한 원자핵에서 그 속의 중성자 하나가 자발적으로 파괴되어 양성자와 전자와 (반)뉴트리노로 바뀌는 반응이지요. 이때 외부로 방출되는 전자를 베타선이라고 부릅니다. 원자핵 속의 중성자와 양성자의 총량은 변하지 않으므로 질량수는 여전히 239이며, 중성자가 줄어들고 양성자가 늘어난 까닭에 원소가 우라늄(원자 번호 92)→넵투늄(원자 번호 93)→플루토늄(원자 번호 94)

그림33 플루토늄의 제조

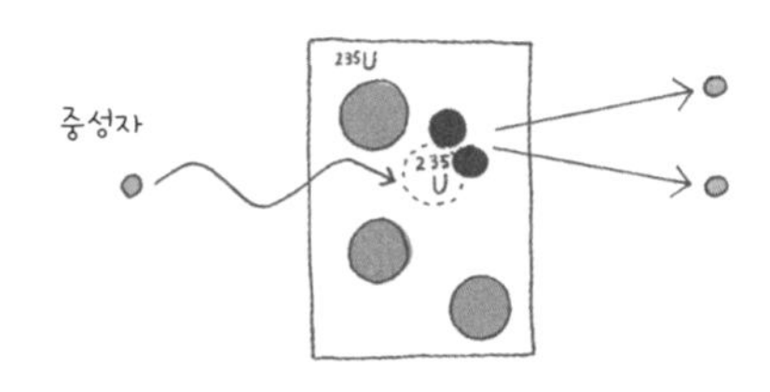

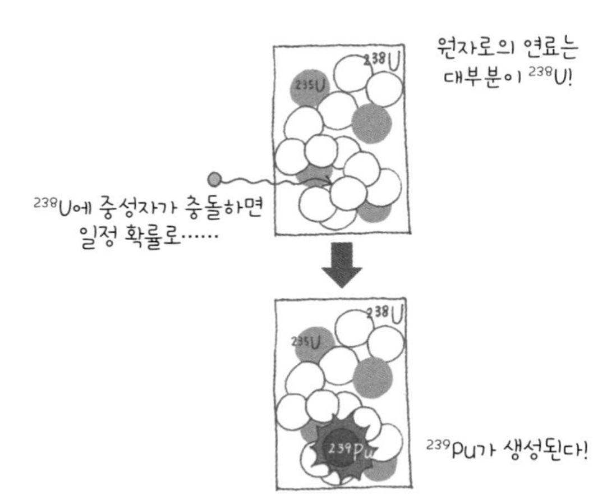

중성자 → ^{238}U → ^{239}U → ^{239}Np → ^{239}Pu

전자, 전자 뉴트리노 / 전자, 전자 뉴트리노

$$^{238}U + n \rightarrow {}^{239}U \rightarrow {}^{239}Np + p + v \rightarrow {}^{239}Pu + 2p + 2v$$

으로 변화하는 것이지요. 참고로 이것은 베타선을 방사하기 때문에 베타 붕괴라고 부르는데, 폴로늄-210처럼 알파선을 방사하는 반응은 알파 붕괴라고 부릅니다.

이 베타 붕괴는 일정 확률에 따라서 자발적으로 일어나기에 외부에서 무엇인가를 작용시킬 필요는 없고, 처음에 우라늄-238에 중성자를 흡수시키기만 하면 최종적으로 플루토늄-239를 얻을 수 있습니다.

이처럼 원자로는 우라늄-235를 핵분열시켜서 에너지를 뽑아낼 뿐만 아니라 본래 불순물 취급하는 우라늄-238에서 새로운 핵분열 물질인 플루토늄-239를 만들어내기도 합니다. MOX 연료에 관해서 이야기할 때도 말씀드렸지만, 우라늄만을 원료로 사용해서 원자로의 운전을 개시하더라도 서서히 플루토늄이 증가해서 중간부터는 우라늄과 플루토늄이 핵분열 반응을 일으켜 에너지원이 되는 것입니다.

플루토늄은 명계(冥界)의 왕

여담이지만, 우라늄U과 넵투늄Np, 플루토늄Pu은 원자번호순으로 나란히 붙어 있습니다(표10). 이들 원소의 이름은 각각 우라노스(하늘의 신), 넵투누스(바다의 신), 플루토(명계冥界의 신) 등 그리스 신화와 로마 신화에 등장하는 신의 이름을 딴 것인데, 신화에서 직접 가져온 것은 아니고 신화를 바탕으로 명명된 태양계 행성의 이름에서 가져온 것입니다. 우라늄을 천왕성(우라누스)에서 따왔으니 우라늄 다음에 있는 원소는 해왕성(넵투누스), 그 다음에 있는 원소는 명왕성(플루토)에서 따오는 식으로 행성의 순서에 따라 이름을 붙였을 뿐이지요. 그런데 이렇게 이름을 붙이고 보니 플루

표10 우라늄, 넵투늄, 플루토늄

1	2	3	4	5	6	7	8	9	10	11	12	13	14	15	16	17	18
1 H 수소																	2 He 헬륨
3 Li 리튬	4 Be 베릴륨											5 B 붕소	6 C 탄소	7 N 질소	8 O 산소	9 F 플루오린(불소)	10 Ne 네온
11 Na 소듐(나트륨)	12 Mg 마그네슘											13 Al 알루미늄	14 Si 규소	15 P 인	16 S 황	17 Cl 염소	18 Ar 아르곤
19 K 포타슘(칼륨)	20 Ca 칼슘	21 Sc 스칸듐	22 Ti 타이타늄(티탄)	23 V 바나듐	24 Cr 크로뮴(크롬)	25 Mn 망가니즈(망간)	26 Fe 철	27 Co 코발트	28 Ni 니켈	29 Cu 구리	30 Zn 아연	31 Ga 갈륨	32 Ge 저마늄(게르마늄)	33 As 비소	34 Se 셀레늄(셀렌)	35 Br 브로민(브롬)	36 Kr 크립톤
37 Rb 루비듐	38 Sr 스트론튬	39 Y 이트륨	40 Zr 지르코늄	41 Nb 나이오븀(나이오브)	42 Mo 몰리브데넘(몰리브덴)	43 Tc 테크네튬	44 Ru 루테늄	45 Ru 로듐	46 Pd 팔라듐	47 Ag 은	48 Cd 카드뮴	49 In 인듐	50 Sn 주석	51 Sb 안티모니(안티몬)	52 Te 텔루륨(텔루르)	53 I 아이오딘(요오드)	54 Xe 제논(크세논)
55 Cs 세슘	56 Ba 바륨	57 La 란타넘(란탄)	72 Hf 하프늄	73 Ta 탄탈럼(탄탈)	74 W 텅스텐	75 Re 레늄	76 Os 오스뮴	77 Ir 이리듐	78 Pt 백금	79 Au 금	80 Hg 수은	81 Tl 탈륨	82 Pb 납	83 Bi 비스무트	84 Po 폴로늄	85 At 아스타틴	86 Rn 라돈
87 Fr 프랑슘	88 Ra 라듐	89 Ac 악티늄															

58 Ce 세륨	59 Pr 프라세오디뮴	60 Nd 네오디뮴	61 Pm 프로메튬	62 Sm 사마륨(사마륨)	63 Eu 유로퓸	64 Gd 가돌리늄	65 Tb 터븀(테르븀)	66 Dy 디스프로슘	67 Ho 홀뮴	68 Er 어븀(에르븀)	69 Tm 툴륨	70 Yb 이터븀(이테르븀)	71 Lu 루테튬
90 Th 토륨	91 Pa 프로트악티늄	92 U 우라늄	93 Np 넵투늄	94 Pu 플루토늄	95 Am 아메리슘	96 Cm 퀴륨	97 Bk 버클륨	98 Cf 캘리포늄(칼리포르늄)	99 Es 아인슈타이늄	100 Fm 페르뮴	101 Md 멘델레븀	102 No 노벨륨	103 Lr 로렌슘
104 Rf 러더포듐	105 Dd 더브늄	106 Sg 시보귬	107 Bh 보륨	108 Hs 하슘	109 Mt 마이트너륨	110 Ds 다름슈타튬	111 Rg 뢴트게늄	112 Uub 코페르니슘	113 Uut (미발견)	114 Uuq 플레로븀	115 Uup (미발견)	116 Uuh 리버모륨	117 Uu (미발견)

토늄이 명계를 지배하는 신의 이름이라는, 아주 적절하기 짝이 없는 작명이 되어 버렸습니다.

그러면 잡담은 이쯤 하고 다시 원자로에서 플루토늄을 제조하는 이야기로 돌아가지요. 현재 원자로는 에너지를 뽑아냄으로써 발전용이나 군함의 동력원으로 널리 이용되고 있습니다만, 사실을 말하자면 인류는 원래 원자 폭탄의 코어를 제조하기 위해 원자로를 개발했습니다.

대학의 풋볼 경기장 아래에 건설된 인류 최초의 원자로

인류 최초의 원자로는 CP1Chicago Pile 1이라고 불렸습니다. 시카고 대학의 풋볼 경기장의 관중석 밑에 건설되었기 때문에 'Chicago'가, 장작을 쌓듯이 핵연료를 쌓아 놓았기 때문에 'pile'이 붙었지요.

그림34는 그 'pile'을 위에서 찍은 사진인데, 판처럼 생긴 것에 둥근 알갱이가 박혀 있는 것이 보입니다. 이것은 흑연판에 구멍을 뚫고 그 구멍에 우라늄을 채운 것입니다. 흑연판이 감속재이지요. 앞에서 흑연은 중성자를 잘 흡수하지 않는 까닭에 천연 우라늄을 연료로 사용할 수 있다는 이야기를 했었는데, 이 CP1의 연료도 천연 우라늄입니다. 그리

그림34 CP1

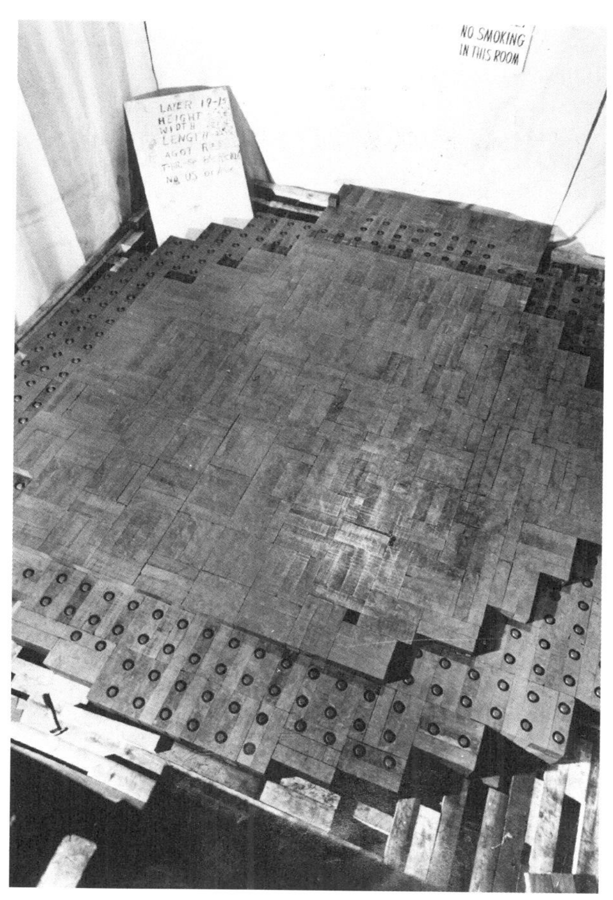

그림35 CP1**과 제어봉**

©The University of Chicago Library

고 냉각재는 공기였습니다. 아니, 정확히는 공기 속에 놓아 뒀을 뿐 적극적으로 냉각시키지는 않았습니다. 또한 제어봉으로는 카드뮴을 사용했습니다.

CP1이 처음으로 임계 상태에 도달한 때는 1942년 12월 2일, 진주만 공습이 있은 지 거의 1년 뒤였습니다. 그림 35는 CP1을 운전하는 모습을 그린 삽화인데, 이 'pile' 옆에서 있는 사람에 주목해 주십시오. 뭔가 봉 같은 것을 잡고 있는 것이 보이시지요? 이것이 제어봉입니다. 이 사람은 손으로 제어봉을 넣었다 뺐다 하면서 원자로를 제어하고 있는 것이지요. 당시는 이런 형태로 운전을 했던 것입니다. 별로 맡고 싶지 않은 임무네요.

이 CP1은 맨해튼 계획에서 원자 폭탄의 코어의 재료인 플루토늄을 제조할 원자로를 개발하기 위한 실험로로 건설되었습니다. 이 연구 그룹을 이끈 인물은 엔리코 페르미Enrico Fermi(1901~1954)입니다. 페르미는 이탈리아에서 태어난 천재 물리학자인데, 소립자 물리학 분야에서 헤아릴 수 없을 만큼 많은 공적을 남겼습니다. 오늘 강연을 시작할 때 제가 '뉴트리노'라는 소립자를 연구하고 있다고 말씀드렸습니다만, 이 뉴트리노라는 이름을 붙인 사람도 페르미이지요. 1938년에 노벨 물리학상을 받은 페르미는 수상식 직후에 이탈리아로 돌아가지 않고 미국으로 망명했습니다. 아내가 유대인이었던 까닭에 이탈리아의 무솔리니 정권에서 박해를 받았기 때문입니다.

그림36 엔리코 페르미

페르미 같은 사례를 볼 때마다 저는 파시즘의 나쁜 점이 이런 측면에서도 크게 부각된다고 생각합니다. 맨해튼 계획에는 페르미 이외에도 유럽에서 망명한 수많은 물리학자가 참가했고 그들의 활약이 없었다면 원자 폭탄은 완성되지

못했을 터인데, 그들이 조국을 버리고 미국으로 망명하게 된 것은 바로 파시즘 때문이었습니다. 파시즘 같은 배타적인 사상 때문에 국가의 보물이라고 해야 할 우수한 두뇌를 잃었을 뿐만 아니라 그 결과 본국을 멸망시킬 수 있는 무기를 적국의 손에 쥐어준 전형적인 사례라고 할 수 있습니다. 물론 미국도 좋은 점만 있는 나라는 아니지만, 파시스트에게 배척당한 사람들을 받아들일 도량은 있었습니다. 무엇이 진정으로 국익에 도움이 되는 것인지 곰곰이 생각하게 만드는 일화가 아닌가 싶습니다.

병기급 플루토늄

플루토늄 제조를 위한 실험로가 성공함에 따라 실제로 플루토늄을 제조하기 위한 생산로가 건설되었습니다. 장소는 워싱턴 주의 핸포드입니다. 핸포드의 생산로는 1944년 12월 28일에 처음으로 임계 상태에 도달했습니다. 그 후 이 생산로에서 제조된 플루토늄을 사용한 원자 폭탄이 뉴멕시코 주 로스앨러모스 국립연구소Los Alamos National Laboratory, LANL에서 제조되었고, 그 원자 폭탄이 나가사키에 투하된 때가 1945년 8월 9일입니다. 날짜를 생각하면 계획이 상당히 빠른 속도로 추진되었음을 알 수 있습니다.

참고로 이 LANL은 현재 물리학 연구소로 유명한데,

그림37 핸포드의 플루토늄 생산 공장

원래 이 맨해튼 계획에서 원자 폭탄을 제조하기 위해 설립된 연구소였습니다. 그래서 맨해튼 계획의 학자 측 리더였던 로버트 오펜하이머J. Robert Oppenheimer(1904~1967)가 초대 소장으로 임명되었지요. LANL은 그 후 냉전 기간은 물론이고 지금까지도 미국의, 나아가 세계의 군사 연구를 선도하는 연구소로 군림하고 있습니다.

자, 다시 플루토늄의 이야기로 돌아가지요. 원자 폭탄의 코어에 사용하는 이른바 병기급 플루토늄을 제조할 때 매우 중요한 점이 있습니다. 그것은 핵연료로 적합한 물질에 관해 이야기했을 때 언급했던 자발적 핵분열이 일어나기 쉬운 물질을 가급적 포함시키지 않는 것입니다. 그 부적절한 물질은 플루토늄-240이었는데, 이 플루토늄-240은 자발적 핵분열이 일어나는 비율이 매우 높았던 것을 여러분도 기억하실 겁니다(91페이지).

원자 폭탄은 원하는 타이밍에 단번에 초임계 상태를 만들어내야 합니다. 그런데 플루토늄-240이 일정 수준 이상 들어 있으면 그 타이밍 이전에 제멋대로 핵분열을 시작해서 코어를 붕괴시켜 버리기 때문에(뒤에서 이야기할 조기 폭발입니다) 효과적으로 폭발시킬 수가 없을 뿐만 아니라 보관이나 운반 과정에서 위험을 초래할 수 있습니다. 그래서 병기급 플루토늄의 경우는 플루토늄-240의 농도를 최대한 낮게 억제해야 하는 것입니다. 일반적으로는 앞으로 이야기할 내폭형 원자 폭탄의 경우 플루토늄-240의 농도를 10퍼센트 이하로 억제할 필요가 있습니다. 표11은 핸포드에서 제조된 병기급 플루토늄에 관해 1968년에 보고된 성분표입니다.

이런 병기급 플루토늄을 제조하려면 테크닉이 필요합니다. 첫째는 원자로의 가동 시간입니다. 우라늄-238에 중성자가 흡수되어서 플루토늄-239가 생성된다는 이야기를 했었는데(180페이지 그림33), 그 플루토늄-239가 원자로 속에 계속 있으면 다시 중성자를 흡수해서 플루토늄-240이

표11 병기급 플루토늄의 성분표(핸포드, 1968년)

^{238}Pu	0.05% 이하
^{239}Pu	93.17 %
^{240}Pu	6.28 %
^{241}Pu	0.54 %
^{242}Pu	0.05% 이하

WASH-1037 『An Introduction to Nuclear Weapons』, Samuel Glasstone and Leslie M. Redman, U.S. ATOMIC ENERGY COMMISSION, Division of Military Application, June 1972

되어 버립니다. 원자로를 가동시켜서 처음에 플루토늄-239가 만들어지고 그 양이 안정되면 이것이 다시 중성자를 흡수해서 서서히 플루토늄-240으로 변해 가지요. 그러므로 플루토늄-240의 농도를 줄이려면 그것이 증가하기 전에 원자로를 멈추고 연료를 꺼내야 합니다. 그래서 연료를 빈번히 조기에 교환하는 원자로가 있으면 핵무기 제조를 의심하는 것이지요.

둘째는 감속재의 선정입니다. 앞에서 감속재에 관해 설명할 때 경수와 중수의 차이에 대해 경수는 감속 효과가 높지만 중성자를 쉽게 흡수하고 중수는 잘 흡수하지 않는다고 이야기했습니다(124페이지 표7). 열중성자를 흡수해서 핵분열을 일으킨 우라늄-235가 방출하는 중성자의 수가 평균 2.06개라는 이야기도 했는데, 이것은 연쇄 반응만을 생각하면 기하급수적으로 반응을 일으킬 만큼 많은 수이지만, 여기에 우라늄-238을 플루토늄-239로 바꾸는 것까지 포함시키면 반드시 많다고는 말할 수 없습니다. 생성된 중성자 두 개 가운데 한 개는 연쇄 반응에 사용되어야 하므로 나머지 한 개로 플루토늄을 만들어내야 하지요. 이런 상황에서 그 귀중한 중성자가 감속재에 다수 흡수되어 버린다면 플루토늄의 증산은 어려울 수밖에 없습니다. 그래서 플루토늄 제조의 관점에서 생각하면 중성자를 잘 흡수하지 않는 중수나 흑연이 감속재로 적합한 것입니다. CP1이나 핸포드의 플루토늄 생산로가 흑연을 감속재로 사용한 흑연로인 이유가 바로 여기에 있습니다.

핵무기 개발 의혹이 있는 나라가 발전을 명목으로 중수로나 흑연로를 소유하고 있을 경우 주위 국가들이 경수로로 전환시키려 하는 것은 이 때문입니다. 중수로나 흑연로를 운전하는 한은 핵무기 개발 의혹을 씻어낼 수 없습니다.

고속 증식로

일반적인 발전용 원자로(경수로)에서 생성되는 플루토늄은 부산물 같은 것인데, 이 플루토늄 생성에 주목해서 발전용 에너지를 뽑아내는 동시에 소비한 핵분열 물질 이상으로 핵분열 물질을 생성하자는 발상으로 개발된 것이 고속 증식로입니다. 노심을 우라늄-238로 만든 블랭킷이라는 구조물로 뒤덮고 그 우라늄-238에 중성자를 흡수시킴으로써 플루토늄-239를 증식시키는 것이지요. 애초에 천연 우라늄의 대부분은 우라늄-238이고 극히 소량이 들어 있는 우라늄-235를 사용해서 에너지를 뽑아내고 있으니까 지금까지 사용하지 않았던 99.3퍼센트나 되는 우라늄-238을 연료로 바꿀 수 있다면 자원의 효과적인 활용이라는 측면에서도 그보다 좋을 수가 없습니다. 문자 그대로의 연금술이지요.

노심의 핵연료로는 플루토늄-239를 사용합니다. 증식시키려면, 그러니까 소비한 이상으로 연료를 늘리려면 1회의 핵분열로 최대한 많은 중성자를 방출해야 하는데, 플루토늄-239의 1회 핵분열 반응으로 방출하는 중성자의 평균수를 떠올려 보십시오. 흡수한 중성자가 열중성자일 경우는 2.1개, 고속(20,000,000m/sec)일 경우는 3.0개였습니다(107페이지 그림24). 요컨대 고속인 중성자를 흡수시키는 편이 더 많은 중성자를 만들어내지요. 그래서 이 증식로는 감속재를 사용하지 않고 중성자를 고속인 상태로 반응시킵니다. 이 때문에 고속 증식로라는 이름이 붙은 것이지요.

이 고속 증식로는 가동할수록 연료가 늘어나는 말 그대로 화수분 같은 것인데, 그런 만큼 기술적으로 제작하기 매우 어렵습니다. 액체 소듐 냉각제를 이야기할 때 잠시 언급했듯이 일본의 고속 증식로 계획은 원형로인 몬주 단계에서 답보 상태에 있지요. 원자로의 경우 실험로→원형로→실증로의 순서로 개발을 진행한 뒤에 상용로를 건설하는데, 원형로에서 답보 상태가 계속되고 있기 때문에 상업로의 실현은 아직 갈 길이 멀다고 할 수 있습니다.

고속 증식로 분야에서 세계를 선도하는 나라는 러시아입니다. 소비에트연방 시대부터 가동하고 있는 BN-600은 1980년에 임계 상태에 도달한 이래 가장 성공적인 원형로이고, 그 실적을 바탕으로 개발된 실증로 BN-800은 2014년 6월 27일에 임계 상태에 도달했습니다(World Nuclear News, 27 June, 2014, http://www.world-nuclear-news.org/NN-Russia-celebrate-two-industry-firsts-at-Beloyarsk-and-Obninsk-2706141.html). 그리고 상업로인 BN-1200이 2020년 운전 개시를 목표로 개발 중이지요. 다른 어떤 나라도 성공하지 못한 고속 증식로를 세계에서 유일하게 성공시킨 것이니, 러시아의 높은 기술력을 증명하는 성과라고 할 수 있습니다.

그런데 이미 눈치를 채신 분도 계실지 모르겠습니다만, 이 증식로의 블랭킷 부분을 정기적으로 회수해서 플루토늄-239를 추출하면 원자 폭탄의 코어 재료를 대량으로 얻을 수 있습니다. 그렇게 생각하면 발전용 원자로라기보다는 오히려 병기용 플루토늄 생산로로서 주목해야 할지도 모릅니다.

이처럼 우라늄이든 플루토늄이든 핵무기의 코어로 사용

할 수 있는 핵연료를 만들어내는 것은 매우 어려운 일입니다. 그리고 그 어려움이 핵무기의 확산을 방지해 왔다고도 할 수 있습니다.

이것으로 원자 폭탄을 이해하기 위해 필요한 예비지식은 거의 갖춰졌습니다. 그러면 이제 이 지식들을 활용해서 원자 폭탄을 폭발시켜 보지요.

제5장

핵무기

포신형
(건배럴형)

드디어 지금까지 이야기한 지식을 토대로 해서 원자 폭탄의 구조를 해명해 보도록 하겠습니다. 먼저 가장 단순한 구조인 포신형(건배럴형)부터 설명하지요. 이 형식이 사용된 것은 사상 최초로 실전에서 사용된 원자 폭탄인 Mk-1, 코드네임 '리틀보이Little Boy'입니다. 바로 히로시마에 투하된 원자 폭탄이지요.

임계량 이상의 우라늄-235가 들어 있는 코어를 준비하고 이것을 둘로 분할합니다. 분할된 상태에서는 각각 임계량 이하가 되게 합니다. 그리고 둘로 분할했던 코어를 기폭할 때 단번에 합체시켜서 임계량을 초과하도록 만드는 방식

그림38 포신형(건배럴형)

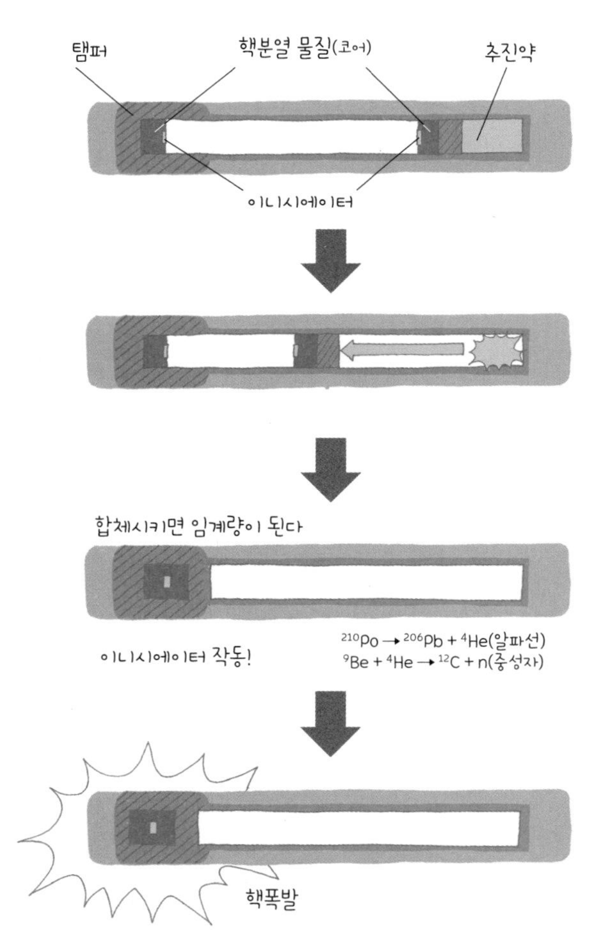

입니다.

이런 방식이기 때문에 내용물을 포신(건배럴)과 같은 구조로 만들고 그 양쪽 끝에 분할한 코어를 배치합니다(그림 38). 그리고 한쪽 코어에 일반적인 폭약(추진약이라고 부릅니다)을 사용한 기폭 장치를 장착해서 추진약이 폭발하면 그 코어가 반대쪽 코어를 향해 포신 속을 이동하도록 만들어 놓지요. 이니시에이터도 폴로늄과 베릴륨으로 분할해서 각각의 코어에 부착합니다. 이니시에이터를 설명할 때 이야기했듯이, 공기 속에서 4센티미터 이상 떨어져 있으면 알파선의 비거리를 초과하기 때문에 이니시에이터가 작동하지 않습니다.

추진약이 기폭하면 한쪽의 코어와 이니시에이터가 반대쪽의 코어와 이니시에이터를 향해 포신 속을 이동하고, 둘이 합체된 순간 코어의 총량이 임계량을 넘어서는 동시에 이니시에이터가 작동해서 중성자를 방출해 초임계 상태에 도달합니다. 이렇게 해서 핵폭발이 일어나는 것이지요.

리틀보이는 투하 직전에 조립되었다

이 포신형은 구조가 단순하다는 장점이 있지만 큰 문제점도 있습니다. 먼저, 이 방식은 코어로 우라늄만 사용할 수 있습니다. 플루토늄을 사용할 수 없는 이유는 뒤에서 말씀드리겠습니다. 그런데 아까도 말씀드렸듯이, 우라늄-235 수십 킬로그램을 농축하려면 엄청난 노력이 필요합니다. 그래서 이 Mk-1은 실험도 하지 않은 채(실험용 우라늄을 절약하기 위해) 실전에 사용되었지요.

또 한 가지 커다란 문제점은 안전성입니다. 보시다시피 한쪽이 포신 속을 이동하기만 하면 반응이 일어납니다. 구조가 단순하다는 것은 쉽게 작동한다는 뜻이기도 하지요.

일반적으로 폭주했다가는 큰일이 나는 기계나 장치는 모든 조건이 완벽하게 갖춰졌을 때만 가동되도록, 다시 말해 한 가지라도 의도하지 않은 부적절한 조건이 있으면 가동되지 않도록 만드는 것이 바람직합니다. 이것을 '페일세이프Fail Safe'라고 부르지요. 하지만 포신형에는 이 역할을 하는 기구가 존재하지 않습니다. 그래서 실제로 히로시마에 투하할 때는 기폭과 관련된 부분을 뽑은 상태로 출격한 다음 투하 직전에 그 부분을 조립했습니다. 이를 위해 이것을 조립할 수 있는 기술자도 함께 탑승했지요. 이 정도로 안전성이 결여되어 있는 까닭에 매우 섬세하게 다뤄야 합니다.

포신형의 문제점은 또 있습니다. 리틀보이의 코어에 사용한 우라늄-235는 50킬로그램이었는데, 이 가운데 실제로 핵분열 반응을 일으킨 것은 고작 1킬로그램이었습니다. 엄청나게 고생해서 우라늄을 농축했는데 대부분은 반응하지 않았던 것이지요. 처음에 핵분열 반응을 일으킨 부분이 폭발하는 기세에 나머지 부분이 날아가 버렸을 것입니다. 이처럼 효율이 좋지가 않습니다.

다만 그럼에도 통상적인 폭탄(화학 반응형 폭탄)과는 비교도 할 수 없을 정도의 위력이 있었습니다. 출력은 60테라줄TJ이었습니다. 일반적으로 핵무기의 위력은 일반적인 폭

그림39 리틀보이

포신형인 까닭에 모양도 길쭉하다

약인 TNT(트리니트로톨루엔) 화약의 폭발 에너지를 1톤당 4.184기가줄GJ로 정의하고 그 TNT 화약 몇 톤 분량의 폭발 에너지에 해당하는가로 표시하는데, 60테라줄이면 TNT 환산으로 15킬로톤에 해당합니다. 요컨대 1만 5,000톤의 폭약을 폭발시킨 것과 같은 폭발력입니다. 1만 5,000톤이라고 하면 중순양함과 같은 무게입니다. 전체가 화약으로 만들어진 중순양함을 상상하면 이것이 얼마나 어처구니없는 위력인지 이해가 될 것입니다. 이것을 겨우 폭탄 한 발로 실현할 수 있는 것입니다. 폭격기 한 대가 폭약을 1만 5,000톤이나 실을 수 있는 것이지요. 이러니 모든 나라가 필사적으로 개발하려 하는 것도 당연한 일이라고 할 수 있습니다.

너무 이른 폭발

그러면 이번에는 플루토늄 코어로 포신형 원자 폭탄을 만들 수 있는지에 관해 생각해 보겠습니다. 우라늄은 농축하는 데 상당히 손이 많이 가기 때문에 코어를 대량으로 만들려면 엄청난 시간이 걸립니다만, 플루토늄은 원자로에서 인공적으로 만들 수 있습니다. 그러므로 가능하다면 플루토늄을 코어로 원자 폭탄을 만드는 것이 바람직합니다. 그런데 문제는 이게 쉽지가 않다는 것입니다.

앞에서 병기급 플루토늄의 성분에 관해 이야기했던 것을 떠올려 주십시오(192페이지 표 11). 병기용 플루토늄은 우라늄-239의 농도를 최대한 높인 것인데, 그래도 플루토늄-240이 6퍼센트나 섞여 버립니다. 이 플루토늄-240은 앞에서도 말씀드렸듯이 자발적 핵분열을 일으키는 비율이 극도로 높지요(91페이지 표3).

자발적 핵분열을 잘 일으키는 물질이 섞여 있으면 이니시에이터를 이용해서 기폭시키고 싶은 타이밍 이전에 핵분열 반응이 일어나 버립니다. 이것을 조기 폭발이라고 부르는데, 불발 같은 어중간한 반응으로 끝나기 때문에 핵무기로 충분한 위력을 발휘하지 못합니다.

미국에서 가장 위대한 대통령

맨해튼 계획에서는 플루토늄을 코어로 사용한 포신형 원자 폭탄도 개발되고 있었습니다. 이것이 Mk-2, 코드네임 '씬맨Thin Man'입니다. 참고로 씬맨은 프랭클린 델러노 루스벨트Franklin Delano Roosevelt(1882~1945) 대통령을 의미한다고 합니다. 분명히 키가 크고 마른 분이었지요.

또 본론과는 전혀 상관없는 이야기를 해서 죄송합니다만, 루스벨트 대통령이 몸에 장애를 안고 있었다는 사실을 알고 계십니까? 그런 느낌은 받지 못했다는 분도 계실지 모르겠습니다. 공식 사진 등에서도 그런 인상을 주지 않도록 신경을 썼으니까요. 그는 어른이 된 뒤에 급성 회백수염(척

그림40 Mk-2 Thin Man

추성 소아마비)에 걸렸으나 이를 극복하고 대통령에 취임했으니 이것만으로도 훌륭한 인물이라고 생각합니다.

다만 루스벨트 대통령이 진정으로 위대한 이유는 그가 이룩한 업적에 있습니다. 저는 루스벨트 대통령이 미합중국 역사상 가장 위대한 대통령이라고 생각합니다. 초대 대통령인 조지 워싱턴George Washington(1732~1799)이나 남북전쟁에서 승리해 미국을 각 주의 집합체에서 진정한 의미의 연방 국가로 바꿔 놓은 링컨Abraham Lincoln(1809~1865) 대통령보다도 위대하다는 것이 제 생각입니다.

실제로 제2차 세계 대전이 계속되었던 상황이었다고는 하지만 루스벨트는 미합중국 역사상 유일하게 네 번이나 대통령으로 선출되었습니다. 대통령이 임기 중에 하나라도 커다란 일을 성공시키면 그것으로 높은 평가를 받습니다. 케네디John F. Kennedy(1917~1963) 대통령은 쿠바 위기를 극복한 것만으로도 높은 평가를 받고 있지요. 물론 그것은 위대한 승리임에 분명하지만, 그 밖에는 쿠바 침공의 실패나 미국 역사에서 유일하게 패배한 전쟁인 베트남 전쟁 본격 참전 같은 원래는 가장 비판받을 일을 했음에도 일반인에게는 매우 인기가 높습니다.

반면에 루스벨트 대통령은 뉴딜 정책과 제2차 세계 대전의 승리라는 두 개의 위대한 성과를 올렸습니다. 뉴딜 정책은 정부가 시장 경제에 적극적으로 개입하는 것으로, 현재도 평가가 갈리고 있기는 하지만 이후 세계 각국의 정부가 실시한 경제 대책을 되돌아봤을 때 그 후의 세계에 커다란 흐름을 만들었음은 부정할 수 없는 사실이라고 할 수 있습니다.

또한 제2차 세계 대전의 승리는 말할 것도 없습니다. 70년이 지난 현재도 유엔 안전보장이사회 상임이사국이라는 형태로 세계를 지배하고 있다는 점, 그 시스템을 바꾸기는 거의 불가능하다는 점을 생각하면 이 승리가 얼마나 위대한 것이었는지 실감할 수 있습니다.

내폭형
(임플로전형)

이제 다시 원자 폭탄 이야기로 돌아가면, 이 씬맨은 플루토늄이 조기 폭발을 일으키는 바람에 결국 개발에 성공하지 못했습니다. 그래서 플루토늄으로도 효율적인 폭발이 가능하도록 고안해낸 방법이 내폭 방식입니다. 내폭 방식은 조기 폭발로 코어가 흩어져 버린다면 그렇게 되지 않도록 강제로 눌러 주자는 발상을 바탕으로 개발되었습니다. 현재의 원자 폭탄은 전부 이 방식을 채용하고 있지요. 참고로 내폭Implosion은 내부를 향해서 폭발한다는 의미입니다.

그림41을 봐 주십시오. 이니시에이터와 코어, 탬퍼로 구성된 원자 폭탄의 주요 부분의 주위를 화학 반응형 폭약이

덮고 있는데, 이 폭약을 내부를 향해 폭발시켜서 그 압력으로 코어를 단단하게 누르는 것이 내폭 방식의 작동 원리입니다.

폭약과 탬퍼 사이를 보면 푸셔라는 것이 들어 있습니다. 푸셔는 이름 그대로 코어를 누르는 역할을 하는 것인데, 연구 결과 경금속이 가장 적합한 것으로 밝혀졌습니다. 폭약은 금속에 비해 밀도가 작은데, 이것이 폭발해서 발생한 충격파가 갑자기 밀도가 매우 큰 탬퍼에 전달되면 그 경계면에서 압력이 제대로 가해지지 않습니다. 그래서 충격파가 원활하게 전달되도록 폭약과 탬퍼 사이에 그 중간 밀도의 금속을 넣어 주는 것이지요.

푸셔라고 하니까 출퇴근 시간에 역에서 손님을 한 명이라도 더 많이 태우기 위해 지하철에 억지로 밀어 넣는 역무원이 생각나는데, 외국에서는 이 사람들을 '푸시맨'이라고 부른다고 합니다. 어떤 일본 여행 가이드북에는 일본의 명물로 소개되어 있다고 하더군요. 만원 전철에 손님을 몇 명이나 더 태울 수 있느냐는 푸시맨의 솜씨에 달려 있듯이, 이 푸셔가 코어 부분을 얼마나 균일하게 빠져나갈 곳이 없도록 누를 수 있느냐가 핵폭발의 성공 여부를 좌우합니다. 완전히 눌러 주지 못하면 조기 폭발이나 최초의 핵폭발로

그림41 내폭형(임플로전형)

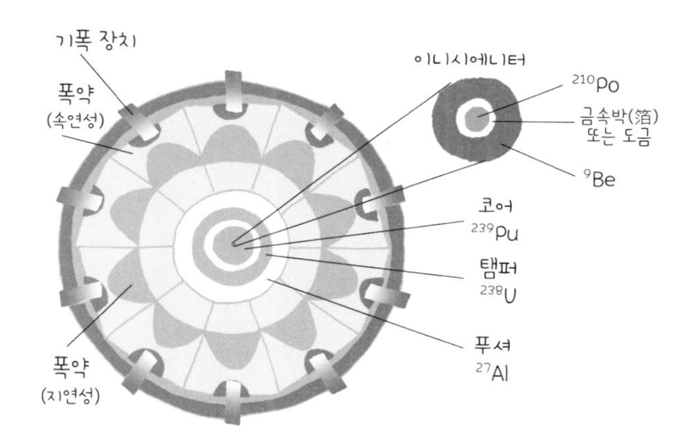

코어의 형태가 무너져서(누르는 힘이 약한 곳으로 빠져나가 버립니다) 불완전한 핵폭발이 되지요.

푸셔가 구면 대칭으로 누르도록 만들기 위해서는 그 배후에 있는 폭약도 구면 대칭으로 연소해 구면 대칭으로 압력을 가해야 합니다. 그런데 폭약의 기폭 장치는 개수가 유한하기 때문에 폭약에 불을 붙이는 단계에서는 구면 대칭으로 만들 수가 없습니다. 그래서 처음에는 불균일하게 착화(기폭)가 되지만 최종적으로 푸셔의 위치까지 연소했을 때는 구면 대칭이 되도록 폭약을 배치합니다. 구체적으로 말씀드리면 연소 속도가 빠른 폭약(속연성 폭약)과 연소 속도가 느린 폭약(지연성 폭약)을 조합해서 최종적으로는 푸셔에 구면 대칭으로 압력을 가할 수 있도록 만드는 것이지요. 이런 폭약을 폭발 렌즈라고도 부릅니다.

그런데 이렇게 말로 하기는 간단해도 실제로는 속연성 폭약과 지연성 폭약을 어떻게 배치하느냐가 매우 어려운 문제여서, 어떤 식으로 연소가 되고 충격파는 어떤 식으로 전달될지 치밀하게 계산해야 합니다. 당시는 컴퓨터도 없었으므로 전부 사람이 손으로 계산해야 했지요. 조금씩 조건을 바꿔 가면서 폭약을 다양하게 배치하고 이에 대해 각각 방대한 양의 계산을 해야 했기 때문에 엄청난 수의 학자를 모아서(학생도 대량으로 동원되었습니다) 인해 전술로 계산을 했습니다.

이 계산에는 충격파를 동반하는 화약의 연소에 관한 모델인 ZND 모델Zel'dovich von Neumann Döring detonation model이 사용되었습니다. 요하네스 루트비히 폰 노이만Johannes Ludwig von Neumann(헝가리명은 Neumann János Lajos, 1903~1957)이 고안한 모델인데, 명칭에 'Zel'dovich'가 들어간 이유는 소련의 물리학자인 야코프 젤도비치Yakov Borisovich Zel'dovich(1914~1987)도 같은 시기에 같은 생각에 도달했기 때문입니다.

그림42 폰 노이만

노이만은 천재 중의 천재라고 부를 수 있는 수학자로, 이 외에도 게임 이론을 고안하거나 오늘날 시뮬레이션의 기본이라고도 할 수 있는 몬테카를로 방법을 만드는 등 수많은 분야에서 후세에 길이 남을 업적을 남겼습니다. 그중에서도 여러분에게 가장 영향을 끼친 분야를 꼽자면 아마도 컴퓨터가 아닐까 싶습니다. 현재 전 세계에서 사용되고 있는 컴퓨터는 노이만형 컴퓨터라고 해서 노이만이 고안한 원리를 바탕으로 만들어진 것입니다. 20세기의 과학을 바꿔 놓았다고 해도 과언이 아닌 위대한 수학자이지요. 그리고 이런 사람까지 동원한 맨해튼 계획이 그야말로 세기의 프로젝트였다는 것도 알 수 있습니다.

그런데 노이만 역시 원래 미국인이 아니라 오스트리아-헝가리 제국 출신으로, 엔리코 페르미처럼 파시즘의 폭풍이 휘몰아치던 시대에 미국으로 망명했습니다. 그 또한 파시즘 때문에 잃어버린 귀중한 보물이었던 것이지요.

내폭의 메커니즘

내폭형 원자 폭탄의 메커니즘을 조금 더 자세히 살펴보도록 하겠습니다.

핵분열 반응을 개시하도록 만드는 이니시에이터는 폭발 렌즈를 통해서 코어가 압축된 순간 기동시키는 것이 가장 바람직합니다. 그런데 내폭형은 포신형처럼 폴로늄과 베릴륨 사이에 공간을 띄울 수가 없습니다. 그래서 공기가 아니라 금속을 사이에 넣는 것입니다. 이니시에이터에 대해 설명할 때 알파선은 금속이라면 수 마이크로미터에서 수십 마이크로미터의 두께로 차폐가 가능하다고 말씀드렸는데(154페이지), 이 정도라면 얇은 금속박箔이나 두꺼운 도금으로 충분합니다. 폴로늄구球의 바깥쪽에 도금을 하거나 금속박을 붙이고 이것을 베릴륨구로 덮습니다. 이렇게 하면 이 상태에서는 알파선이 차폐되어 이니시에이터가 기동하지 않지요. 하지만 폭발 렌즈가 가동되어 코어를 압축하면 코어 안쪽에 있는 이니시에이터도 압축되고, 그 압력에 도금이나 금속박이 깨집니다. 그러면 폴로늄에서 방출되는 알파선이 베릴륨에 조사되어 베릴륨에서 중성자가 방출되지요.

이때 코어는 탬퍼의 바깥쪽에 있는 푸셔에서부터 압축되어 임계량을 초과하고, 이 최고의 상태에서 핵분열 반응이 시작되어 초임계 상태에 돌입합니다. 설령 조기 폭발이 일어나더라도 코어는 그것을 이겨내기에 충분한 속도의 충격파에 다시 구면 대칭으로 균일하게 압축되기 때문에 형태가 무너져서 흩어지는 일 없이 완벽에 가까운 상태로 초임계 상태의 핵분열 반응을 일으킬 수 있습니다. 덕분에 준비한 코어의 총량에 대해 반응하는 양이 적은 포신형과 달리 충분히 높은 효율로 코어를 반응시킬 수 있지요. 매우 훌륭한 설계입니다.

그림44는 초기의 내폭형 원자 폭탄의 내부입니다. 중앙의 구체가 푸셔이고, 여기에서는 보이지 않지만 그 속에는

그림43 내폭 방식 원자 폭탄의 작동 과정

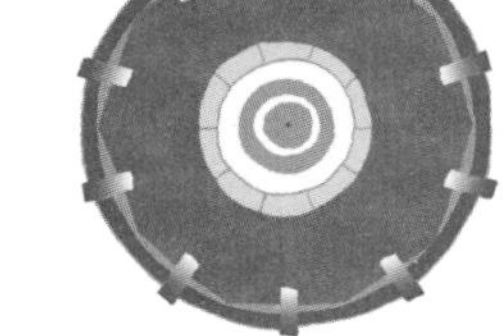

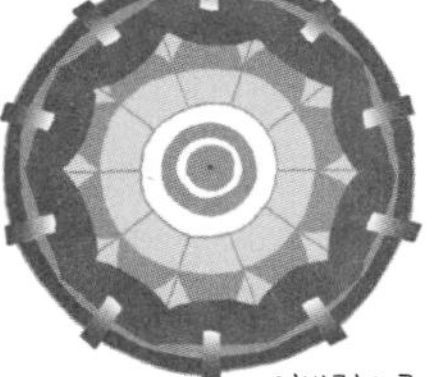

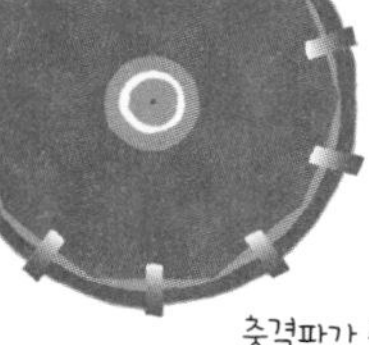

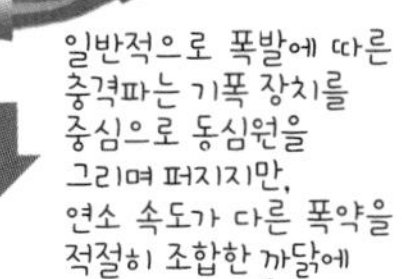

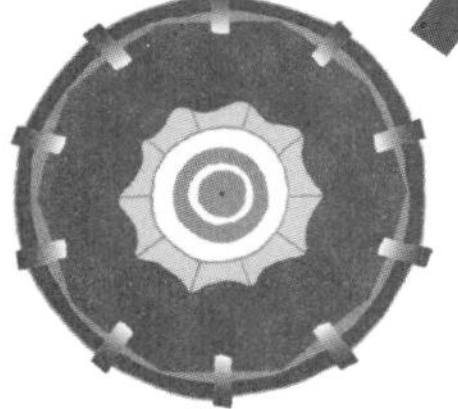

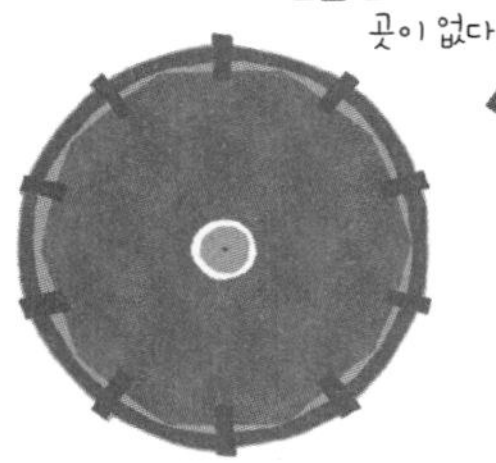

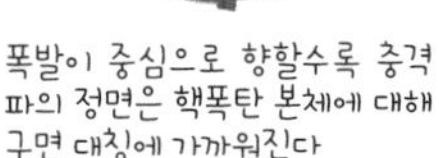

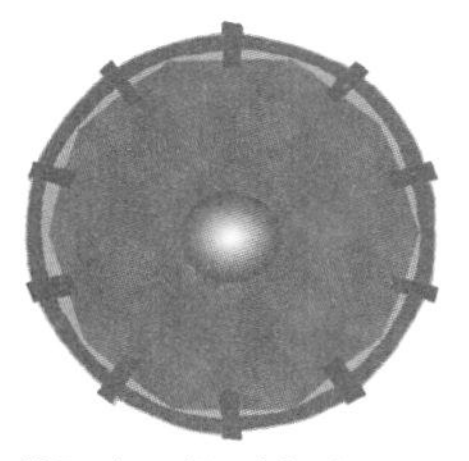

플루토늄이 핵분열을 일으킨다. 구면 대칭으로 압력을 받고 있어 코어가 흩어지지 않으며, 발생한 중성자는 탬퍼에 반사되면서 수없이 코어에 조사되기 때문에 초임계 상태가 된다

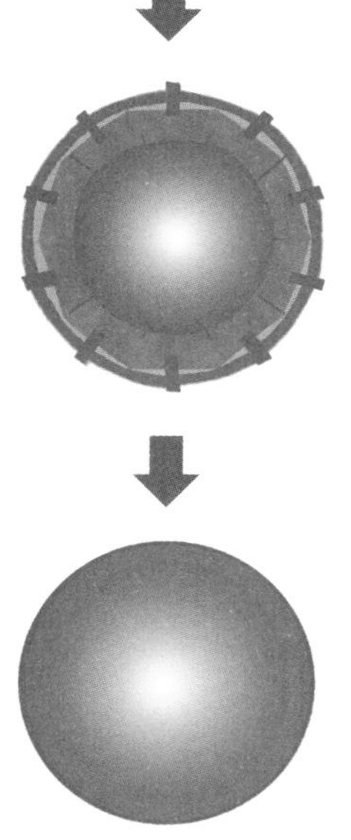

핵폭발

탬퍼와 코어가 들어 있습니다. 그리고 주위에 있는 특징적인 모양의 블록이 폭발 렌즈의 폭약입니다. 이런 식으로 조합하는 것이지요. 블록은 32개, 즉 이 원자 폭탄은 32면체였습니다. 블록을 최대한 작게 만들어서 많이 설치하는 편이 충격파를 균일하게 전달할 수 있지만, 한편으로 그 기폭 장치를 아주 정확히 동시에 기폭시키려면 수가 적은 편이 좋습니다. 이 두 가지 조건의 균형을 고려하면서 치밀하게 계산해서 결정한 형상이었지요. 이 형상은 오랜 세월에 걸쳐 최고 기밀이었습니다.

다만 이렇게 해도 기폭 장치 32개의 작동 시간을 1,000만분의 1초의 정확도로 동시에 기폭시키기는 매우 어렵기 때문

그림44 내폭형 원자 폭탄의 내부

에 새로운 기폭 장치를 개발할 필요가 있었습니다. 일반적으로 폭약의 기폭 장치에 사용되는 뇌관은 전열선에 전류를 흘려서 그 발열로 점화약에 불을 붙이는 까닭에 착화까지 시간이 걸렸고, 따라서 오차도 컸습니다(10분의 1초 이상의 오차). 그래서 전열선에 갑자기 큰 전류를 흘려 전열선 자체를 폭발시킴으로써 초고속 착화를 가능케 해 착화 오차 1,000만분의 1 이하를 달성했지요. 이 뇌관을 EBWExploding Bridge Wire detonator라고 부릅니다. 이것을 개발한 사람은 물리학자인 루이스 앨버레즈Luis Walter Alvarez(1911~1988)로, 그도 자신의 본래 전공인 소립자 물리학 연구로 노벨상을 받았습니다. 이 신형 뇌관에 흘리는 전류는 엄청난 수준이어서, 최초로 개발한 유형의 경우는 이를 위한 전지와 콘덴서만도 무게가 1톤에 가까웠다고 합니다.

맨해튼 계획에서는 이 내폭형을 채용한 원자 폭탄이 두 개 만들어졌습니다. 첫 번째는 실험용 원자 폭탄입니다. 포신형의 경우는 구조가 단순한 까닭에 거의 확실히 폭발할 것으로 예상하기도 했고 우라늄-235를 절약하기 위해 실제 폭발 실험은 실시하지 않은 채 다짜고짜 실전에 투입했지만, 내폭형은 폭발 렌즈라는 매우 정교한 메커니즘을 사용하는 까닭에 실전 투입에 앞서 폭발 실험을 실시한 것이지요. 장소는 뉴멕시코 주의 사막이었고, 실험일은 1945년 7월 16일이었습니다. 리틀보이가 히로시마에 투하되기 전이니까 인류가 최초로 경험한 핵무기의 핵폭발이었습니다. 이 실험은 트리니티Trinity(삼위일체)라고 불렸고, 이곳에서 사용된 인류 최초의 원자 폭탄에는 가젯Gadget이라는 코드네임이 부여되었습니다. 가젯은 도구 또는 간단한 장치라는 의미인데, 오늘날에는 소형 디지털 가전기기(휴대 전화나 디지털 카메라 등)를 뜻하는 경우가 많습니다.

그리고 두 번째가 나가사키에 투하된 Mk-3, 코드네임 '팻맨Fat Man'입니다. 리틀보이에 이어 두 번째로 실전에 투입

그림45 가젯

그림46 팻맨

된 이 팻맨이 현재로서는 인류가 실전에서 사용한 마지막 핵폭탄이 되었습니다.

폭발 렌즈가 구체이므로 폭탄 전체도 둥글어졌고, 이 형상이 팻맨(뚱보)이라는 이름의 유래가 되었습니다. 중량은 4,670킬로그램인데, 그중 절반(2,500킬로그램)은 폭발 렌즈에 사용하는 일반 폭약이었습니다. 그리고 그 폭약의 기폭 장치가 앞에서 말씀드렸듯이 1,000킬로그램이나 되었지요. 여기에 푸셔가 120킬로그램, 탬퍼가 120킬로그램이고, 코어는 고작 6.2킬로그램이었습니다. 플루토늄의 밀도($19.8g/cm^3$)를 바탕으로 구체의 크기를 생각해 보면 지름이 10센티미터 정도에 불과하지요. 하지만 그럼에도 리틀보이보다 훨씬 큰 출력을 얻을 수 있었습니다. 팻맨의 출력은 TNT 환산으로 22킬로톤, 92테라줄이었다고 합니다. 플루토늄-239가 핵분열을 일으켰을 경우에 방출되는 에너지는 3×10^{-11}줄 정도이고 6.2킬로그램의 플루토늄을 원자의 수로 환산하면 1.6×10^{25}개이니까 이것을 곱하면 500테라줄 정도의 에너지가 됩니다. 그러니까 대충 계산하면 코어의 5분의 1이 반응을 일으킨 셈이 되지요(실제로는 92테라줄의 출력 중 일부는 탬퍼의 핵분열에 따른 것으로 생각되며, 이 점을 고려하면 비율은 이보다 다소 작아집니다). 반응을 일으키지 않은 것이 훨씬 많지 않느냐고 생각하실지도 모르겠습니다만, 리틀보이(50킬로그램에 대해 반응한 것은 1킬로그램, 즉 50분의 1)보다는 훨씬 효율이 좋음을 알 수 있습니다.

그런데 이 6.2킬로그램, 원자 수로 환산해서 1.6×10^{25}개의 플루토늄이 전부 반응하기 위해 몇 회의 연쇄 반응이 필요한지 계산해 보면, 예를 들어 1회 반응에 2배씩 늘어날 경우 84회면 전부 반응하게 됩니다. 핵폭발에서 이용하는 고속의 중성자(핵분열 반응을 통해서 생긴 채 감속하지 않은 중성자, 94페이지)의 경우 연쇄 반응 1회에 걸리는 시간은 약 1억분의 1초(10나노초)인데(《Hydronuclear Testing or a Comprehensive Test Ban?》, Thomas B. Cochran, April 10, 1994), 이 때문에 원자핵 물리학의 세계에서는 10나노초를 1셰이크라는 단위로 부릅니다. 앞에서 언급한 코어 지름 10센티미터를 고속의 중성자가 통과할 정도의 시간이지요. 여기에서 84회의 연쇄 반응에 걸리는 시간은 대략 100만분의 1초(1마이크로초) 정도이며, 대략 이 정도의 시간 동안만 캠퍼가 코어를 누르고 있으면 된다는 것을 알 수 있습니다.

지금까지 살펴봤듯이 내폭형은 포신형보다 반응 효율이 좋고 다루기도 쉽습니다. 그래서 이후의 원자 폭탄은 전부 이 방식으로 만들어졌습니다.

핵융합을 이용하는 수소 폭탄

지금까지 핵분열 반응을 이용한 핵무기인 원자 폭탄에 관한 이야기를 했으니 이번에는 핵융합 반응을 이용한 핵무기, 즉 수소 폭탄에 관해 이야기하겠습니다.

핵융합 반응을 이용한 핵무기에는 몇 가지 이점이 있습니다. 원자 폭탄의 경우 임계량이라는 개념이 있었지요? 그리고 운반할 때는 임계량 이하(혹은 임계 상태에 도달하지 않는 조건)일 필요가 있지만 기폭시키고 싶은 타이밍에는 임계량 이상(혹은 임계 상태를 초과하는 조건)으로 만들어야 합니다. 이 제약 때문에 폭탄이 폭발할 때 방출하는 에너지인 핵출력Nuclear Yield이 일정 범위 안에 묶여 버립니다. 너무 작아도 안 되고 너무 커도 안 되지요. 반면에 핵융합의 경우는 임계량이 없는 까닭에 더 거대한 위력의 폭탄을 만들 수 있습니다.

그림47은 인류 역사상 최대의 핵폭탄인 차르 봄바Tsar Bomba입니다. 소비에트연방이 개발했지요. 핵출력은 무려 57메가톤이나 됩니다. 게다가 경악스러운 사실은 이것이 실제로 대기권 내 핵실험에서 사용되었다는 것입니다. 1961년 10월 30일, 북극권에 있는 노바야제믈랴Nóvaya Zemlyá라는 장소에 투하되어 폭발했습니다. 실험 전에 그곳에 살던 주민들을 강제 이주시켰다고 하네요. 차르 봄바를 탑재할 수 있도록 개조한 Tu-95 전략 폭격기에 실어서 투하했는데, 기체 안에 다 들어가지가 않아서 동체 밑으로 튀어나와 있습니다(☞ 그림47 두 번째 사진).

이런 엄청난 놈을 대기권 내에서 폭발시킨 대담한 시대가 있었던 것입니다. 참고로 지금까지 인류가 실시한 핵실험은 2,000회가 넘는데, 그중 500회 이상이 대기권 내 핵실험이었습니다(〈Table of Known Nuclear Tests Worldwide〉, Natural Resource Defence Council).

그런데 핵출력을 관측하는 것은 상당히 어려운 일입니다. 특히 인류가 최초로 원자 폭탄을 만들어냈을 때는 당

그림47 차르 봄바

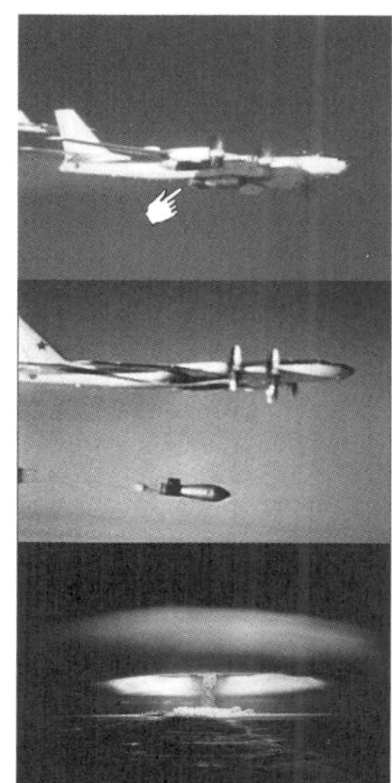

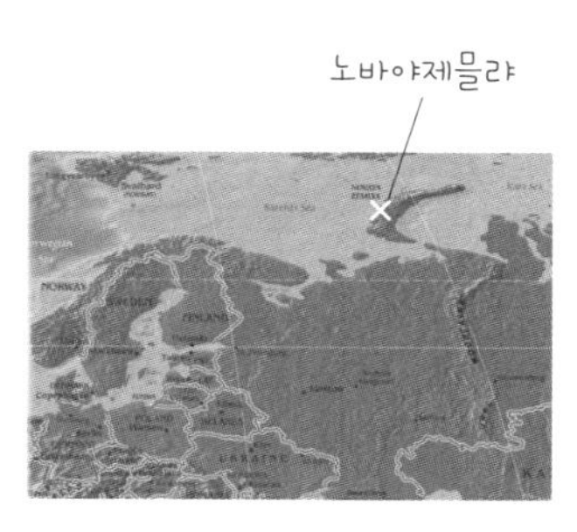

연하지만 경험적인 값조차 없었던 탓에, 트리니티 실험 당시 페르미는 종잇조각을 떨어뜨리고 그 종잇조각의 움직임으로 폭발의 충격파를 관측해 핵출력을 어림잡았다고 합니다. 그러다 이후에 테일러가 발표한 식을 통해서 핵출력의 대략적인 어림셈이 가능해졌지요(《The Formation of a Blast Wave by a Very Intense Explosion I. Theoretical Discussion〉, Geoffrey Taylor, Proceedings of the Royal Society of London, A 201, pp.159-174(1950), 〈The Formation of a Blast Wave by a Very Intense Explosion. - II. The Atomic Explosion of 1945〉, Geoffrey Taylor, Proceedings of the Royal Society of London, A 201, pp.175-186(1950)). 핵출력은 폭풍(충격파)이나 열복사(엑스선, 자외선, 가시광선, 자외선 등의 전자기파), 방사선(중성자나 감마선)이 주위에 방출되는 형태로 그 에너지가 전달됩니다.

또한 핵융합형 핵무기는 단위 중량당 핵출력도 높일 수 있습니다. 팻맨의 경우 중량 5톤에 핵출력이 20킬로톤이었으니까 단위 중량당 핵출력은 1톤당 4킬로톤 정도였지요. 그런데 수소 폭탄의 경우는 이론적으로 1톤당 6메가톤까지 도달 가능하다고 합니다. 다만 실제로는 1톤당 1~2메가톤 정도인 것이 많고, 가장 높은 것(미국의 Mk-41)이 1톤당 5메가톤 정도입니다.

핵융합을 이용해서 무기를 만들 때는 두 가지 문제점이 있습니다. 첫째는 '핵융합 물질'과 관련된 문제이고, 둘째는 '그것을 어떻게 핵융합시킬 것인가?'입니다.

먼저 첫 번째 과제부터 살펴보지요. 핵융합으로는 제2장에서 이야기했던 DT 반응을 이용하는 것이 바람직합니다(66~71페이지). 이것이 중수소와 삼중수소를 이용하는 반응이어서 '수소 폭탄'이라는 이름이 붙었지요. 중수소는 평범한 물에서 추출한다고 말씀드렸는데(128페이지), 문제는 삼중수소입니다. 원자로 등에서 일반적인 수소나 중수소에 중성자를 조사하면 삼중수소가 만들어지지만, 애초에 중수소는 중성자를 잘 흡수하지 않는 까닭에 핵융합 연료로 사용할 정도의 양을 만들기가 쉬운 일이 아닙니다. 또한 중수소는 안정적인 물질이지만 삼중수소는 불안정한 탓에 방사선(베타선)을 방출해 헬륨-3으로 바뀝니다. 이 반감기가 12년이므로 기껏 제조를 해도 12년 동안 사용하지 않으면 절반으로 줄어든다는 뜻이지요. 핵무기는 실전에서 딱 두 번 사용된, 다시 말해 거의 사용되지 않은 채 보관되는 무기이므로 이것은 큰 문제점입니다.

저희 같은 실험 시설에서는 실험 과정에서 삼중수소가 발생하는데, 이것이 방사성 물질이다 보니 처리하느라 고생이 많습니다. 또 후쿠시마 원자력 발전소 사고에서도 이 삼중수소가 포함된 오염수가 대량으로 발생해 아직도 처리 문제로 고심하고 있지요. 양쪽 경우 모두 이 삼중수소는 물 분자의 상태로 발생할 때가 많은데, 물에 녹아 있는 물질이라면 이온 교환 수지 등을 이용해서 분리가 가능하지만 이것은 물 자체이기 때문에 분리가 불가능합니다. 그렇다 보니 결국은 희석해서 배출하는 방법밖에 없지요. 12년이라는 반감기도 방사성 물질로 보관하려 하면 어중간하게 긴 기간입니다. 이처럼 방사성 폐기물로 생각하면 다루기가 어려운 물질인데, 또 한편으로는 제대로 써먹어 보려고 해도 이렇게 쓰기 어려운 골치 아픈 물질인 것입니다.

다음은 두 번째 문제점인데, 이것도 이미 말씀드렸듯이 핵융합을 일으키려면 초고온의 플라스마 상태로 만들 필요가 있습니다. 다만 핵무기의 경우는 이 상태를 지속적으로 유지해야 하는 핵융합로와 달리 한순간만 그 상태로 만들면 됩니다.

이처럼 핵융합을 이용해서 무기를 만드는 데는 두 가지 문제점이 있는데, 이것을 한꺼번에 해결하는 방법이 있습니다. 바로 원자 폭탄을 기폭 장치로 사용하는 것이지요. 원자 폭탄이라면 일반적인 폭약으로는 도저히 달성할 수 없는 초고온 상태를 만들어낼 수 있습니다. 게다가 원자 폭탄은 대량의 중성자를 만들어내므로 이것을 이용해서 핵융합 물질의 문제도 해결할 수 있지요.

일반적인 수소 폭탄에는 핵융합 물질로서 중수소화 리튬LiD이 사용됩니다. 천연 리튬에는 리튬-6 7.5퍼센트와 리튬-7 92.5퍼센트가 포함되어 있는데, 여기에서 리튬-6만을 추출해 중수소와 화합시킵니다. 그리고 여기에 중성자를 조사하면 중수소화 리튬의 '리튬'이 중성자를 흡수해서 삼중수소가 생기지요. 이 또한 중성자를 사용한 연금술입니다.

$$^{6}Li + n \rightarrow {}^{4}He + {}^{3}H(T)$$

이것으로 중수소화 리튬의 '중수소'를 합쳐서 DT 반응에 필요한 재료가 갖춰집니다.

그러면 일반적인 수소 폭탄의 구조를 살펴보도록 합시다. 그림48이 그 개략도인데, 두 종류의 폭탄을 중금속제 외피로 뒤덮었습니다. 위가 원자 폭탄인데, 앞에서 설명한 내폭형입니다. 이것이 기폭 장치가 되어서 아래의 핵융합 부분을 유폭시키는 것입니다. 전자를 프라이머리, 후자를

그림48 수소 폭탄의 구조

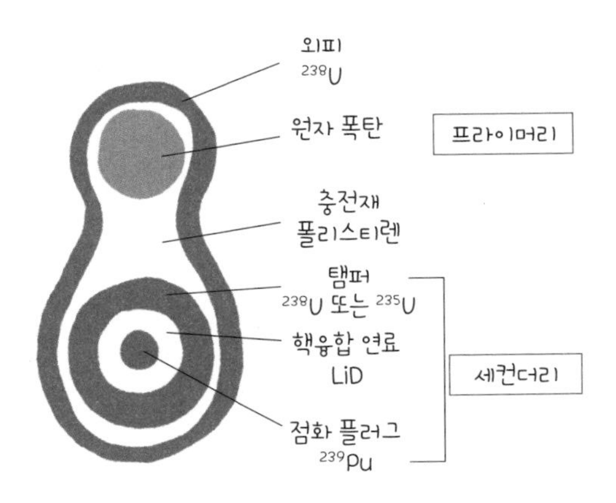

세컨더리라고 부릅니다. 세컨더리의 경우 플루토늄-239로 만든 점화 플러그를 중심으로 그 주위에 핵융합 물질인 중수소화 리튬을 배치하고 이것을 우라늄(우라늄-238 혹은 우라늄-235)으로 만든 탬퍼로 덮습니다.

외피와 두 종류의 폭탄 사이에는 충전재를 채우는데, 일반적으로는 폴리스티렌을 사용합니다. 폴리스티렌은 우리가 일상에서 흔히 보게 되는 일반적인 플라스틱으로, 일명 프라모델의 재료입니다. 또 발포시킨 것은 발포스티롤이라고 부릅니다.

그림49는 수소 폭탄의 폭발 과정입니다. 먼저 프라이머

리를 폭발시킵니다. 이것은 내폭형 원자 폭탄을 설명할 때 말씀드렸던 것과 같습니다. 그러면 그 핵분열 반응으로 생겨난 중성자나 감마선, 열복사(열선)가 세컨더리와 폴리스티렌에 조사됩니다. 이때 외피는 반사재의 역할을 합니다, 이들 생성물을 내부에 둬서 효율적으로 조사시키지요.

중성자가 중수소화 리튬에 흡수되면 앞에서 말씀드린 반응이 일어나서 삼중수소가 생성되고, 이로써 중수소와 함께 DT 반응의 재료가 갖춰집니다.

그리고 중성자나 감마선, 열선에 충전재가 플라스마가 되고 고온·고압의 상태가 되어 세컨더리의 탬퍼를 압축합니다. 또한 동시에 플루토늄-239로 만든 세컨더리의 점화 플러그에도 중성자가 조사되면서 이것이 초임계 상태가 되어 핵폭발을 일으키지요. 이 때문에 핵융합 물질은 안팎에서 초고압의 압력을 받습니다.

이러한 반응을 통해서 초고온·초고압 상태가 된 세컨더리의 핵융합 물질이 DT 반응을 일으킵니다. DT 반응은,

$$^{2}H(D) + ^{3}H(T) \rightarrow ^{4}He + n$$

이었으므로 이 반응에서도 고속의 중성자가 대량으로

그림49 수소 폭탄의 폭발 과정

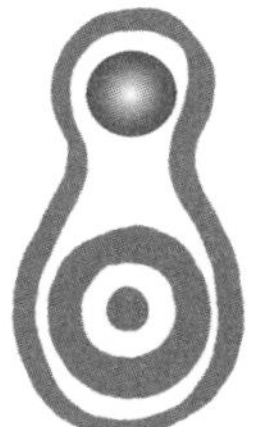

원자 폭탄이 폭발

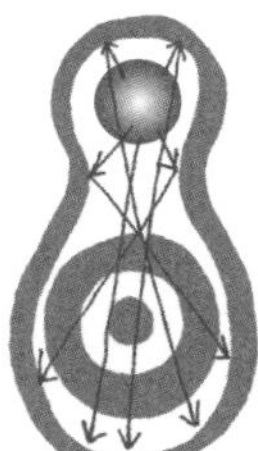

이에 따라 발생한 중성자와 감마선이 점화 플러그와 충전재에 조사된다. 핵융합 연료에도 조사되어, $^{6}Li+n \rightarrow {}^{4}He+{}^{3}H$ 의 반응으로 $^{3}H(T)$가 생성된다

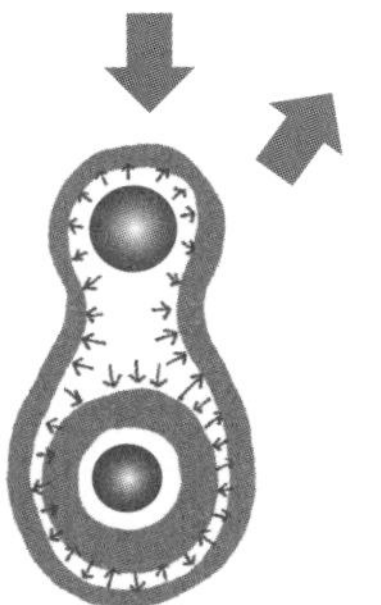

충전재가 플라스마화해 고온·고압 상태가 되어 탬퍼를 압축한다. 동시에 점화 플러그가 핵폭발해 내부에서 핵융합 연료를 압축한다

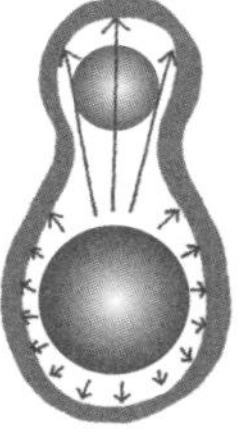

초고온·초고압 상태가 된 핵융합 연료가 DT 반응
$^{2}H+{}^{3}H \rightarrow {}^{4}He+n$
D T

이때 대량의 고속 중성자도 방출된다
고속 중성자를 조사받은 외피가 핵분열 반응을 일으켜 전체가 핵폭발한다

발생합니다. 고속의 중성자는 외피에 조사되는데, 이때 외피가 우라늄으로 만들어졌다면 그것이 우라늄-238이더라도 핵분열 반응을 일으킵니다. 앞에서 핵분열이 일어나기 쉬운 정도를 나타내는 값으로 핵분열 단면적을 소개했습니다만(95페이지), 열중성자에 대한 우라늄-238의 핵분열 단면적은 우라늄-235의 3,000만분의 1 정도입니다. 요컨대 거의 핵분열을 일으키지 않는다고 봐도 무방한 수준이지요. 하지만 DT 반응으로 방출되는 고속(50,000,000m/sec)의 중성자에 대해서는 우라늄-238의 핵분열 단면적이 우라늄-235의 2분의 1 이상입니다. 충분히 핵분열 반응을 생각해도 좋은 상태가 되는 것이지요JAEA Nuclear Data Center.

이렇게 해서 전체가 핵폭발을 일으킵니다. 이 외피에 우라늄을 사용한 수소 폭탄의 경우, 프라이머리의 핵분열Fission→세컨더리의 핵융합Fusion→외피의 핵분열Fission이라는 3단계로 핵폭발이 일어난다고 해서 3F 폭탄이라고 부릅니다. 그런데 이것은 외피에 우라늄을 사용하지 않았더라도 애당초 프라이머리에 원자 폭탄을 사용했으므로 순수한 핵융합 폭탄이 아닙니다. 만약 원자 폭탄을 사용하지 않고 핵융합을 일으킬 수 있다면 핵분열 반응으로 생기는 방사성 물질은 발생하지 않고 중성자만이 방출되게 되므로 사용 후 그 장소가 방사성 물질로 오염되는 일을 대폭 줄일 수 있습니다. 그래서 그런 순수한 핵융합 폭탄, 순수 수소 폭탄을 '깨끗한 수소 폭탄'이라고 부르기도 합니다.

그런데 원자 폭탄을 사용하지 않고 핵융합 반응을 일으키는 것은 요컨대 핵융합로에서 하려는 것과 다르지 않으므로 핵융합로가 실용화되지 않은 현재로서는 실현이 어렵고, 설령 핵융합로가 실용화된다 하더라도 그 대규모 설비를 핵무기 속에 담기는 매우 어려울 것입니다. 아니, 애초에 깨끗한 핵무기라니 지나가던 개가 웃을 소리죠.

어쨌든, 이 핵융합형 핵무기는 핵융합을 일으키기 위해 먼저 초고온 상태를 만들어낸다고 해서 열핵무기Thermonuclear weapon라고도 불립니다. 또 그림48과 49에서 소개한 가장 일반적인 수소 폭탄은 텔러-울람 설계Teller-Ulam design라고 불리지요. 이것을 고안한 에드워드 텔러Edward Teller(1908~2003)와 스타니스와프 마르친 울람Stanisław Marcin Ulam(1909~1984)은 각각 오스트리아-헝가리 제국과 폴란드 출신인데, 두 사람 모두 유대인이어서 맨해튼 계획에 관여했던 여러 물리학자와 마찬가지로 파시즘의 박해로부터 몸을 피해 미국으로 망명했습니다.

현재는 이 수소 폭탄이 핵무기의 주력을 이루고 있습니다.

중성자 폭탄

그러면 마지막으로 핵무기의 변종을 몇 가지 소개하겠습니다.

핵무기는 원자 폭탄이든 수소 폭탄이든 그 바깥 둘레에 탬퍼나 외피 같은 중성자 반사재를 갖추고 있습니다. 이것을 좀 더 가볍고 중성자를 잘 반사하지 않는 재료로 바꾼다면 어떻게 될까요? 그러면 반사되지 않고 빠져나가는 중성자가 많아지므로 핵반응이 충분히 일어나지 않아 폭발의 위력이 약해져 버립니다. 아무런 이점이 없을 것처럼 보입니다. 그런데 이 '중성자가 빠져나간다'는 것이 중요합니다. 예를 들어 전차나 과거에 존재했던 전함 등은 매우 두꺼운 강판으로 만들어져 있습니다. 그래서 열풍이나 감마선에 대해서는 매우 튼튼하지요. 그런데 여기에 중성자를 조사하면 중성자는 투과력이 높은 까닭에 다소의 강판 따위는 쉽게 관통해 버립니다. 그리고 관통한 곳, 그러니까 전차나 전함 속에는 인간이 있는데, 인간은 거의 물로 구성되어 있는 존재라 해도 과언이 아닙니다. 여러분, 감속재 이야기를 다시 한번 떠올려 보십시오. 물은 감속 효과가 최고로, 가장 잘 반응하며 매우 쉽게 흡수하기도 합니다. 요컨대 인간은 중성자의 가장 좋은 표적이며 중성자는 인간에게 최악의 방사선인 것입니다. 전차는 거의 손상이 없는데 안에 타고 있는 사람만 태워 죽일 수 있는 것이지요. 이것이 중성자 폭탄입니다.

게다가 탬퍼나 외피가 핵분열을 일으키지 않는 만큼 방사성 물질에 따른 오염은 감소하므로 가령 공격한 적지를 나중에 점령했을 때 오염 제거가 수월해집니다. 다만 중성자가 조사된 다양한 물질이 '연금술'로 새로운 동위 원소가 되는데 이것들이 방사성인 경우가 많아서 이 새로 만들어진 방사성 동위 원소에 따른 오염은 커지지요. 뭐 그건 그렇고, 이런 걸 생각해 내다니 정말 대단할 따름입니다.

또한 그 대량의 중성자를 이용해서 적이 발사한 핵미사

일 탄두의 제어 시스템을 무력화하기 위해 탄도탄 요격 미사일의 탄두로 사용하기도 했습니다(W66). 반도체는 중성자를 흡수하면 오작동을 일으키거나 망가져 버리기 때문입니다. 자국의 상공에서 핵무기로 핵무기를 요격한다니, 참으로 대담한 방법이 아닐 수 없습니다.

핵분열로 반출된 중성자보다 핵융합으로 방출된 중성자가 더 고속이고 속도가 빠를수록 강판 등을 관통하는 능력도 크기 때문에 중성자 폭탄을 만들 때는 수소 폭탄을 기반으로 삼습니다.

부스터

내폭형 원자 폭탄은 매우 정교하게 만들어졌지만, 이것조차도 코어 중 5분의 1 정도밖에 핵분열을 일으키지 못했습니다. 그래서 더 많이 반응시킬 방법은 없을까 하고 궁리한 끝에 고안된 것이 부스터입니다.

부스터의 발상은 요컨대 "코어의 '불완전 연소'는 중성자가 부족한 탓에 일어나는 것이니 핵분열 반응을 일으킬 때 중성자를 더 많이 공급한다면 좀 더 '완전 연소'에 가까워지겠지?"라는 것입니다. 그리고 그 중성자의 공급원으로 핵융합 반응인 DT 반응을 이용합니다.

DT 반응의 특징은 중성자를 대량으로 방출할 뿐만 아

니라 그 방출된 중성자가 핵분열 반응으로 방출되는 중성자보다 고속이라는 것입니다. 플루토늄-239의 경우 핵분열로 발생한 중성자(20,000,000m/sec 정도의 속도)와 DT 반응으로 발생한 중성자(50,000,000m/sec 정도의 속도)의 핵분열 단면적은 후자가 약간 큰 정도이지만JAEA Nuclear Data Center, 새로이 발생하는 중성자의 수는 후자가 전자의 1.5배나 됩니다(《Nuclear Reactor Analysis》첫 등장은 105페이지). 앞에서 1회의 핵분열로 발생하는 중성자의 수가 매우 중요하다고 설명한 바 있지요. DT 반응 자체로 중성자를 만들어낼 뿐만 아니라 그렇게 만들어진 중성자가 다시 중성자 수가 많은 핵분열 반응을 일으키는 것입니다.

이 부스터가 수소 폭탄의 세컨더리와 다른 점은 핵융합 자체가 핵출력의 주된 부분을 차지하지 않는다는 것과 원자 폭탄 속에 들어가서 핵분열 반응이 일어날 때 동시에 핵융합을 일으킴으로써 핵분열 반응을 문자 그대로 '부스트' 한다는 것입니다. 수소 폭탄의 핵융합 반응은 어디까지나 원자 폭탄이 폭발한 뒤에 그 폭발 자체에는 영향을 끼치지 않는 상태에서 2차적(세컨더리)으로 반응하는 것입니다.

그래서 부스터로 사용하는 핵융합 물질은 원자 폭탄의 내부에 들어갑니다. 코어의 안쪽 혹은 코어와 캠퍼 사이에 들어가지요. 또한 핵융합 자체의 핵출력을 기대하지 않기 때문에 이 물질로는 밀도가 큰 고체나 액체가 아니라 기체를 사용합니다. 중수소와 삼중수소의 혼합 가스이지요. 이것을 기폭 전에 원자 폭탄의 바깥쪽에서 주입하도록 되어 있습니다. 그렇게 하면 삼중수소가 베타 붕괴해 감소하는 문제도 해결할 수 있지요. 또한 혼합 가스를 주입하느냐 하지 않느냐로 핵출력을 조절할 수도 있습니다.

적어도 현재 미국이 보유한 수소 폭탄의 프라이머리는 전부 이 부스트형으로 추정되고 있습니다.

궁극의 핵무기

핵무기에서 정말 중요한 것은 탄두(폭탄) 본체 자체보다 그 탄두를 운반하는 수단입니다. 핵무기가 처음 등장했을 무렵에는 폭격기에 핵무기를 탑재해서 투하하는 방법밖에 없었습니다. 그런데 이 방법은 폭격기가 목표 지점 상공까지 비행해야 하기 때문에 도중에 격추될 위험성이 높아서 임무를 달성할 확률이 낮았습니다. 또한 당시는 폭탄을 유도할 수단도 없었기 때문에 명중 정밀도도 좋지 않았지요. 그래서 제2차 세계 대전 당시 독일이 발명한 두 가지 무기인 탄도 미사일과 순항 미사일이 이후 눈부신 진화를 이룩함에 따라 폭격기를 대신해 핵무기 운반 수단의 중심이 되어

갔습니다. 같은 폭격기에 탑재하더라도 순항 미사일은 사정거리가 긴 까닭에 목표 지점과 멀리 떨어진 곳에서 발사할 수 있어 임무 달성 가능성이 크게 상승할 뿐만 아니라 명중 정밀도도 훨씬 높습니다. 아무리 그렇다 해도 탄도 미사일의 위협에 비할 바는 아닙니다만….

무기에는 전략 무기와 전술 무기가 있으며, 핵무기도 이 두 가지로 분류됩니다. 대략적으로 말하면 전술 무기는 전쟁터에서 교전 중인 적군에게 사용하는 것이며 전략 무기는 전쟁터를 건너뛰고 직접 적국의 중추를 공격하는 것입니다. 요컨대 양자의 본질적인 차이는 파괴력이 아니라 적국의 중추까지 도달하는 사정거리에 있지요.

유럽의 국가들처럼 인접한 국가끼리 전투가 벌어질 경우는 이 경계가 모호해지지만, 핵무기가 가장 활발하게 제조되었던 냉전기에는 소비에트연방과 미합중국이라는 서로 멀리 떨어져 있는 나라가 양 진영의 중심이었던 까닭에 전략 무기와 전술 무기의 차이가 명확했습니다. 실제로 전략 핵무기의 중심이었던 대륙간 탄도탄(미사일)의 정의는 '5,500킬로미터 이상의 사정거리를 보유하는 지상 발사형 탄도 미사일'이었고, '5,500킬로미터'라는 것은 소비에트연방의 국토와 알라스카·하와이를 제외한 미합중국 본토의 최단 거리였습니다. 한편 탄도 미사일은 잠수함에도 탑재되었는데, 이것은 잠수함이 적국 근처까지 이동이 가능하므로 사정거리를 기준으로 구별하지 않고 전부 전략 병기로 취급했습니다.

이들 탄도 미사일은 대략적으로 말하면 요컨대 공을 멀리 던지는 것과 같아서, 던져 올린 물체가 포물선 궤도를 그리며 떨어지는 단순한 운동을 합니다(포물선의 궤도를 그리는 것은 지구가 평평하다고 간주할 수 있을 정도의 근거리이며, 실제 탄도 미사일은 타원 궤도를 그립니다). 멀리 던지고 싶을 때, 그러니까 사정거리를 늘리고 싶을 때는 그만큼 빠른 속도로 던져 올려야 하며, 그 결과 낙하하는 속도도 빨라지지요. 제2차 세계 대전 당시는 프랑스에서 영국 본토까지밖에 날아가지 못했던 탄도 미사일이 냉전기에는 사정거리 1만 킬로미터를 넘게 되었습니다. 이 정도 사정거리라면 낙하 속도가 마하 20에 달하는데, 그 속도만으로도 요격이 거의 불가능할 뿐만 아니라 1만 킬로미터를 불과 30분 정도에 이동하는 까닭에 적의 발사를 감지하더라도 대응할 시간이 거의 없습니다. 왜 폭격기 따위와는 비교가 안 될 만큼 강력한 무기인지 이해가 되셨을 것입니다.

다만 문제점도 있습니다. 첫째로, 운반할 수 있는 중량이 폭격기에 비해 작습니다. 역사상 최대 최강의 대륙간 탄도탄인 R-36M2(소비에트연방/러시아연방)조차도 운반 가능한 중량은 8.8톤에 불과하지요. 세계 최대의 폭격기인 Ty-160(소비에트연방/러시아연방)의 탑재량 45톤에 비하면 상당히 작습니다. 그래서 탄도 미사일에 탑재하는 핵탄두는 최대한 작게 만들어야 합니다.

그리고 마하 20으로 낙하하기 때문에 그 충격파를 견딜 수 있도록 매우 가는 원뿔 모양을 띠고 있습니다. 탄도 미사일에 탑재하는, 핵탄두가 들어간 용기를 재돌입체再突入體라고 부릅니다. 대륙간 탄도탄 정도로 사거리가 길어지면 쏘아 올린 높이도 매우 높기 때문에 일단 대기권 밖으로 나가서 우주 공간을 비행하다 목표 지점 근처에서 다시 대기권에 돌입해 낙하합니다. 그래서 재돌입체라는 이름이 붙었지요.

그림50은 대륙간 탄도탄의 재돌입체인데, 매우 뾰족하게 생겼음을 알 수 있습니다. 내폭형 원자 폭탄은 기본형이 구체이기 때문에 여기에 담으려면 크기가 작아야 하지요. 그런데 이 상식을 뒤엎고 강력한 핵출력을 발휘하는 획기적인 핵탄두가 냉전 말기에 등장했습니다. 그것이 오늘날 세계 최고의 핵탄두인 W88입니다. 미국이 개발한 W88은 지

그림50 재돌입체

금까지 인류가 축적해 온 핵무기 기술의 총결산이라고 해도 과언이 아니지요. 이것을 소개하고 이 책을 끝맺도록 하겠습니다.

그림51은 재돌입체에 탑재된 핵탄두의 기존형과 W88을 비교한 것입니다. 프라이머리는 내폭형인 까닭에 일정 크기가 필요하고, 게다가 구체가 기본입니다. 그래서 기존에는 아무래도 원뿔의 바닥에 프라이머리를 넣을 수밖에 없었고, 그 결과 메인이 되는 세컨더리가 원뿔의 뾰족한 쪽에 배치되었습니다. 요컨대 세컨더리를 크게 만들 수가 없었지요.

그림51 W88의 구조

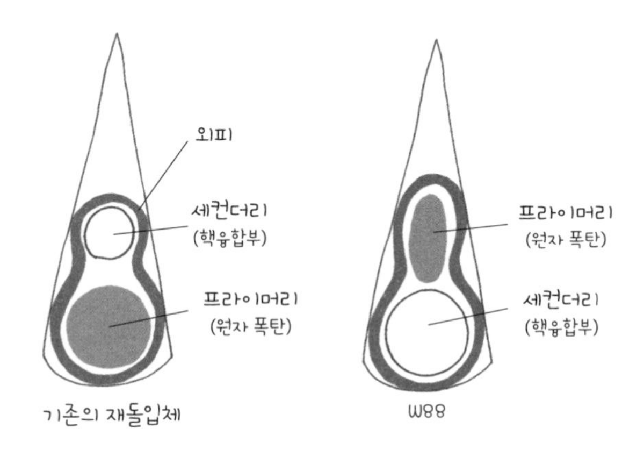

그런데 W88의 경우는 구체가 아니라 회전타원체(장타원체) 폭발 렌즈의 개발에 성공한 결과 원뿔의 뾰족한 쪽에 프라이머리를 배치할 수 있었습니다. 이것이 가장 큰 특징이자 설계의 최고 핵심이지요. 그 덕분에 세컨더리를 대형화해서 원뿔의 바닥에 배치하는 데 성공했습니다. 프라이머리의 기폭 장치는 회전타원체의 양 꼭짓점에 배치되어 있습니다. 또 이 프라이머리는 부스터를 갖추고 있습니다. 그리고 세컨더리의 점화 플러그와 탬퍼가 모두 우라늄-235로 만들어져 있어서 핵출력을 한층 높여 줍니다. 이런 설계 덕분에 지름 55센티미터, 전고 175센티미터, 중량 360킬로그램 이하의 작은 재돌입체 속에 담았음에도 핵출력 475킬로톤을 달성했지요.

이 W88을 탑재한 탄도 미사일은 잠수함 발사식인 UGM-133A 트라이던트 II Trident II로, W88을 최대 14발까지 탑재할 수 있어서 합계 핵출력은 최대 6.65메가톤에 이릅니다. 한 세대 전의 미사일인 UGM-96A 트라이던트 I이 W76(100킬로톤) 핵탄두 8발을 탑재해 합계 0.8메가톤, 동세대의 라이벌인 소비에트연방의 잠수함 발사형 탄도탄 R-39가 미사일 전체의 중량은 UGM-133A의 1.5배나 됨에도 200킬로톤의 핵탄두 10발을 탑재해 합계 2메가톤, 사상 최대 최강의 대륙간 탄도탄인 P-36M2(미사일 전체의 중량은 UGM-133A의 3.6배)가 750킬로톤의 핵탄두 10발을 탑재해 합계 7.5메가톤임을 생각하면 경이적인 파괴력입니다. 게다가 UGM-133A의 사정거리는 잠수함 발사형 탄도탄으로서는 이례적인 1만 1,000킬로미터 이상으로 대륙간 탄도탄 수준이며(다만 최대 탑재량에서는 더 짧을 것으로 생각됩니다), 명중 정밀도도 대륙간 탄도탄 중에서 최고급입니다. 여기에 해면 아래에 숨어서 어디에 있는지 알 수 없는 상태에서 적국의 중추를 공격할 수 있는 잠수함에 탑재되어 있으니 감히 인류가 도달한 궁극의 핵병기라고 말할 수 있지요. 제가 미합중국의 대통령이라면 다른 핵무기는 전부 퇴역시킬 것입니다.

이 궁극의 핵탄두를 개발한 곳은 인류 역사상 최초의 핵무기를 세상에 내보낸 로스앨러모스 국립연구소입니다.

핵무기는 현 시점에서 인류가 손에 넣은 최강의 무기입니다. 그러나 한편으로는 정신이 아득해질 정도의 돈과 노력을 투입해서 세상을 몇 번은 멸망시킬 수 있을 정도의 방대한 양을 배치했음에도 처음 손에 넣은 해에 두 번 사용한 뒤로는 70년이라는 긴 세월에 걸쳐 단 한 번도 실전에서 사용하지 않은 무기이기도 합니다. 저는 이것을 “운이 좋았다”라고 말할 생각은 없습니다. 운 같은 것이 아닙니다. 인류는 어리석게도 서로 죽고 죽이기를 신물이 날 만큼 반복해 왔지만 최강의, 따라서 최악의 무기에 손을 대는 것만큼은 어떻게든 자제해 온 것입니다. 이것은 어리석은 인류가 아주 조금이지만 남아 있는 지혜를 최대한 쥐어짠 결과라고 생각합니다. 그리고 앞으로도 그러기를 바랍니다. 이런 광경을 절대 보지 않기 위해서라도.

핵탄두를 장착한 LGM-118A 피스키퍼라는 대륙간 탄도탄이 떨어지는 장면

에필로그

핵무기가 최초로 등장한 지 70년이 지난 지금도 인류는 아직 이것을 능가하는 위력을 지닌 무기를 손에 넣지 못했다. 우리의 몸과 우리 주변의 모든 것을 구성하는 원자핵이라는 지극히 '당연한 것'이 어떻게 이렇게까지 압도적인 위력을 지닌 무기가 될 수 있는지, 그 극소의 세계가 극대의 파괴력을 만들어내는 메커니즘을 조금이라도 친숙하게 설명하려고 노력했는데, 독자 여러분은 어떻게 읽었는지 모르겠다.

이런 이야기를 하면 불쾌한 표정을 짓는 사람도 있을지 모르지만, 나는 핵무기가 '비인도적 무기'라고는 생각하지 않는다. 이것은 마치 '인도적인 무기'라는 것이 존재한다는 듯한 표현이기 때문이다. 사람을 '인도적으로 죽이는 방법' 같은 것이 있을 리 없지 않은가?

무기가 없어진다고 해서 평화가 찾아오는 것도 아니다. 설령 지금 존재하는 모든 무기를 몰수하더라도 인류는 주위에 굴러다니는 막대기라든가 돌 같은 것을 주워서 서로 죽고 죽이는 일을 계속할 것이다. 사람들이 진정으로 평화를 추구하여 평화가 찾아올 때 자연스럽게 손에 들고 있는 무기를 내려놓을 것이라 생각한다.

분명 핵무기는 인류의 가장 어두운 유산인지도 모른다. 그러나 그렇기에 이것을 최대한 정확하게 이해하고 후세에 알려 나가야 하는 것이 아닐까 생각한다. 인류의 역사는 훌륭한 업적과 어리석은 행동이 쌓이고 쌓인 결과물이기 때문이다.

맨해튼 계획의 학자 측 리더이자 원자 폭탄의 아버지로 불리는 로버트 오펜하이머는 제2차 세계 대전이 끝난 뒤 핵무기 개발을 후회하며 "Physicists have known sin(물리학자는 무엇이 죄인지 안다)"라고 발언했다. 그러나 그가 만들어낸 로스앨러모스 국립연구소는 70년이 지난 지금도 인류의 예지를 집약한 연구소로 군림하고 있다.

마지막으로, 이 강연 기획을 함께 진행해 주신 테리 우에다テリー植田 씨, 멋진 리액션으로 강연의 분위기를 북돋아 주신 도쿄컬처컬처의 방청객 여러분, 언뜻 딱딱한 주제의 이 책에 친근한 분위기를 불어넣어 주신 일러스트레이터 우에지 나오코上路ナオ子 씨, 디자인부의 우스다臼田彩穂 씨, 제

본의 스즈키 세이이치鈴木成一 씨, 그리고 무엇보다도 이 책을 읽어 주신 여러분께 진심으로 감사의 마음을 전하며 이 책을 마무리하려 한다.

정말 고맙습니다.

원자핵에서 핵무기까지

1판 1쇄 인쇄 | 2019년 8월 19일
1판 1쇄 발행 | 2019년 8월 26일

지은이 다다 쇼
옮긴이 이지호
감　수 정완상
펴낸이 김기옥

실용본부장 박재성
편집 실용1팀 박인애
영업 김선주
커뮤니케이션 플래너 서지운
지원 고광현, 김형식, 임민진

디자인 제이알컴
인쇄·제본 민언프린텍

펴낸곳 한스미디어(한즈미디어(주))
주소 121-839 서울시 마포구 양화로 11길 13(서교동, 강원빌딩 5층)
전화 02-707-0337 | 팩스 02-707-0198 | 홈페이지 www.hansmedia.com
출판신고번호 제 313-2003-227호 | 신고일자 2003년 6월 25일

ISBN 979-11-6007-402-4 03420

책값은 뒤표지에 있습니다.
잘못 만들어진 책은 구입하신 서점에서 교환해 드립니다.

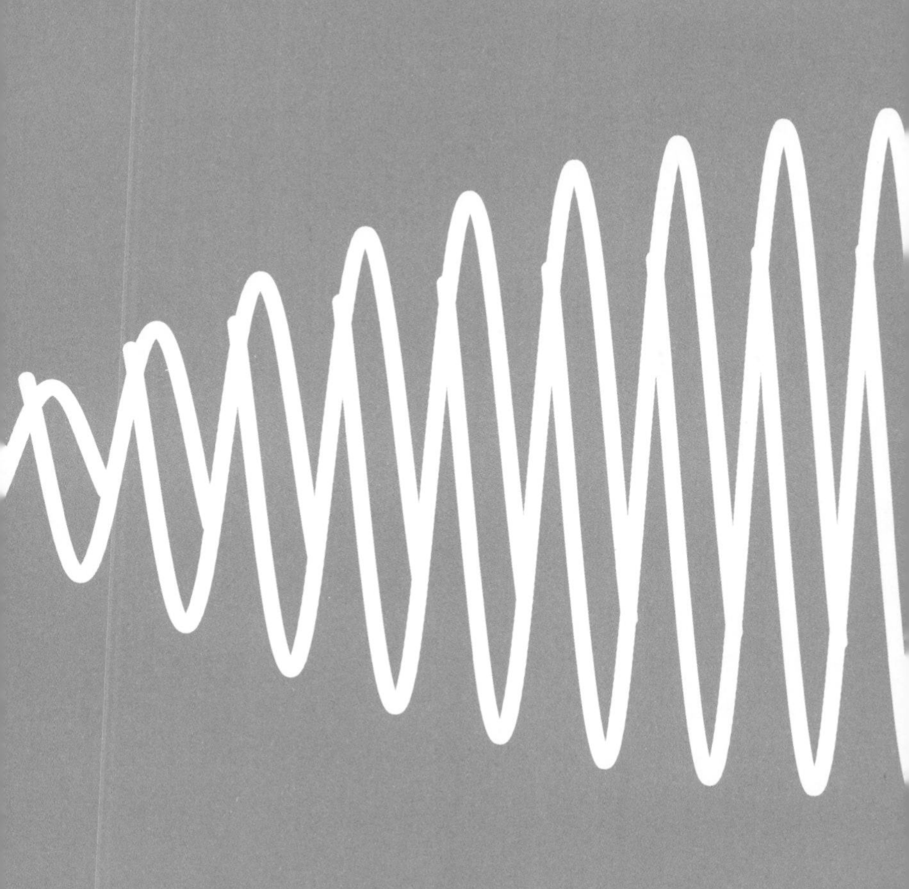

236U
2H